T0197152

Forschend durch Haus und Garten

Matthias Müller · Christina Walther

# Forschend durch Haus und Garten

## Mathematische und naturwissenschaftliche Experimente für die ganze Familie

Matthias Müller
Abteilung für Didaktik, Fakultät
für Mathematik und Informatik
Friedrich-Schiller-Universität Jena
Jena, Thüringen, Deutschland

Christina Walther
Schülerforschungszentrum Jena
witelo e.V. - wissenschaftlich-
technische Lernorte
Jena, Thüringen, Deutschland

ISBN 978-3-662-64663-2        ISBN 978-3-662-64664-9   (eBook)
https://doi.org/10.1007/978-3-662-64664-9

Die Deutsche Nationalbibliothek verzeichnet diese Publikation in der Deutschen Nationalbibliografie; detaillierte bibliografische Daten sind im Internet über http://dnb.d-nb.de abrufbar.

© Springer-Verlag GmbH Deutschland, ein Teil von Springer Nature 2022
Das Werk einschließlich aller seiner Teile ist urheberrechtlich geschützt. Jede Verwertung, die nicht ausdrücklich vom Urheberrechtsgesetz zugelassen ist, bedarf der vorherigen Zustimmung des Verlags. Das gilt insbesondere für Vervielfältigungen, Bearbeitungen, Übersetzungen, Mikroverfilmungen und die Einspeicherung und Verarbeitung in elektronischen Systemen.
Die Wiedergabe von allgemein beschreibenden Bezeichnungen, Marken, Unternehmensnamen etc. in diesem Werk bedeutet nicht, dass diese frei durch jedermann benutzt werden dürfen. Die Berechtigung zur Benutzung unterliegt, auch ohne gesonderten Hinweis hierzu, den Regeln des Markenrechts. Die Rechte des jeweiligen Zeicheninhabers sind zu beachten.
Der Verlag, die Autoren und die Herausgeber gehen davon aus, dass die Angaben und Informationen in diesem Werk zum Zeitpunkt der Veröffentlichung vollständig und korrekt sind. Weder der Verlag noch die Autoren oder die Herausgeber übernehmen, ausdrücklich oder implizit, Gewähr für den Inhalt des Werkes, etwaige Fehler oder Äußerungen. Der Verlag bleibt im Hinblick auf geografische Zuordnungen und Gebietsbezeichnungen in veröffentlichten Karten und Institutionsadressen neutral.

Einbandabbildung: © GraphicsRF/stock.adobe.com

Planung/Lektorat: Iris Ruhmann
Springer ist ein Imprint der eingetragenen Gesellschaft Springer-Verlag GmbH, DE und ist ein Teil von Springer Nature.
Die Anschrift der Gesellschaft ist: Heidelberger Platz 3, 14197 Berlin, Germany

# Inhaltsverzeichnis

# 1

# Endlich zu Hause

**Forschungsspaziergänge zu Hause – Alltägliche mathematische und naturwissenschaftliche Entdeckungen**

Eine Wohnung, in der es jede Menge interessanter Dinge gibt und die nie ganz aufgeräumt ist. Ein Garten, in dem es das ganze Jahr blüht und duftet: Hier wohnen Kathrin, Jens, Franz, Luisa und Tilla. Langweilig ist es nie, besonders dann nicht, wenn noch Oma Erika und Opa Manfred zu Besuch kommen. Wir laden ein, dabei zu sein, wenn beim Badputzen, Regalaufräumen oder Monopoly-Spielen geforscht, experimentiert und geknobelt wird und alle Zimmer zum Forschungslabor geraten.

\* \* \*

*„Jens? Jens!" Nach einem langen Arbeitstag ist Kathrin end-lich zu Hause. Der Beruf als Bauleiterin bringt immer neue*

© Springer-Verlag GmbH Deutschland, ein Teil von Springer Nature 2022
M. Müller und C. Walther, *Forschend durch Haus und Garten*, https://doi.org/10.1007/978-3-662-64664-9_1

*Herausforderungen, und jetzt freut sie sich auf einen Tee und einen Plausch mit ihrem Mann. Wo steckt der bloß? Nebenher sortiert Kathrin die Post, stellt die Schuhe ins Regal und bringt die Einkäufe in die Küche. „Na toll", denkt sie sich, als sie hier das Durcheinander aus Töpfen und Geschirr sieht: „er hat wieder für die Kinder gekocht." Jens schwärmt gern von seinem Work-and-Travel-Jahr als Hilfskoch. Von dort hat er einige gute Rezepte mitgebracht, bei denen kein Familienmitglied mäkelt. Leider war er in der Küche nie für die Nacharbeiten zuständig …*

*Kathrin kommt das letzte Gespräch mit Franz wieder in den Sinn. Sie hatte ihren großen Sohn (wie üblich) zum Sport gefahren. Und mal wieder musste sie mit ihm über seine Prioritäten diskutieren. „Ja, es ist schön, dass du dich überall engagierst – im Sportverein, bei der Freiwilligen Feuerwehr und eigentlich sonst überall, eben nur nicht in der Schule." Dass das Zeugnis der achten Klasse in greifbare Nähe rückt, macht ihr offensichtlich mehr Sorgen als Franz.*

*Auch darüber muss Kathrin mit Jens reden und ruft erneut lautstark nach ihrem Mann. „Mensch, Mama! Was soll das? Ich nehme gerade auf." „Oh. Hallo Luisa, tut mir leid. Ist es YouTube oder TikTok?" Kathrin weiß, dass sie jetzt nicht lächeln darf, denn ihre 12-jährige Tochter nimmt die Sache mit den selbst erstellten Erzähl- und Erklärvideos sehr sehr ernst. „Weiß noch nicht. Und nein, Papa habe ich schon lange nicht gesehen, vielleicht hat er ja noch Spätdienst in der Bibliothek." „Das kann nicht sein, er muss doch Tilla aus der Kita abgeholt haben", durchfährt es Kathrin. „hoffentlich hat er das Kind nicht vergessen."*

*Kathrin stürmt ins Kinderzimmer. Dort sitzt Tilla und neben ihr Oma Erika. Beide sind in ein Puzzle vertieft und äußert vergnügt. „Kathrin, was ist denn los? Du wirkst ziemlich angespannt, wenn ich das mal sagen darf." Oma Erika ist ein sehr direkter Mensch, aber alle Familienmitglieder wissen, dass sie es gut meint. „Ich bin völlig tiefenentspannt.*

Habt ihr Papa gesehen?" „Nein, heute haben mich Oma und Opa abgeholt, dann hab ich ein Eis bekommen und dann sind wir alle in den Garten gegangen. Opa Manfred baut da noch am Schuppen und Oma und ich müssen jetzt zu Ende puzzeln. Und Mama, störe uns nicht weiter." Tilla ist stolz auf ihren Bericht und Oma ist stolz, wie klar ihre Enkelin die eigenen Wünsche artikulieren kann. Mama macht die Tür hinter sich zu und läuft zum Arbeitszimmer. „Wo steckt der Kerl denn bloß?"

„Kathrin, mein Engel, schön, dass du da bist, wo hast du so lange gesteckt? Du, ich habe für das Wochenende was Tolles vorbereitet. Meine Kollegen sind immer ganz begeistert, wenn ich ihnen von den Experimenten erzähle, die unsere Kinder so veranstalten. Und wenn ich dann noch von Manfred und Erika und ihren Fachsimpeleien berichte … Jedenfalls habe ich mal ein paar Fragen und Experimente zusammengetragen, die uns die letzten Monate begleitet haben. Du glaubst gar nicht, was da zusammengekommen ist – ich würde das gern mit euch am Wochenende alles mal anschauen und nachexperimentieren." Kathrin atmet tief durch, doch dannhellt sich ihr Gesicht auf. Bei all den täglichen Unwägbarkeiten ist auf Jens Verlass, dass er immer wieder schöne Momente für die ganze Familie schafft. Während sie die eng beschriebenen Blätter liest, werden ihre Augen immer größer. „Jens, das ist ja so cool. Wir haben quasi jedes Zimmer im Haus zum Experimentierlabor gemacht. Weißt du was, ich bin sehr gespannt aufs Wochenende."

* * *

Die vorliegenden zwanzig alltäglichen Experimente laden zum *forschend-entdeckenden Lernen* zu Hause ein und richten sich an die ganze Familie. Die anregenden und teils offenen Fragen fordern zum genauen Beobachten und systematischer Auseinandersetzung mit den mathematischen und naturwissenschaftlichen Zusammenhängen auf. Die beschriebenen Experimente können im häuslichen Umfeld und mit Alltagsgegenständen bzw. -materialien durchgeführt werden.

✳ ✳ ✳

Die Fragestellungen und Experimente sind zusammen mit Kindern und Jugendlichen am Schülerforschungszentrum (SFZ) Jena entwickelt und erprobt worden.

Das SFZ Jena richtet sich an Kinder und Jugendliche aller Altersklassen und verfolgt das Ziel, kontinuierliche mathematisch-naturwissenschaftliche Bildungsangebote und damit in diesen Bereichen gleichermaßen grundlegende Interessenbildung und Talentförderung zu ermöglichen. Es wird eine Vielzahl an attraktiven Lern- und Forschungsumgebungen zusammen mit schulischen, universitären und institutionellen Partnern gestaltet und umgesetzt.

Während die meisten Personen sofort ein Bild von experimentellen Arbeiten im naturwissenschaftlichen Bereich vor Augen haben, kann im mathematischen Kontext die Frage aufkommen, wie so ein mathematisches Experiment überhaupt aussehen soll. Mathematik wird vorrangig als deduktiv-schließende oder beweisende Wissenschaft angesehen, in der mittels logischer Schlussfolgerungen nachvollziehbare Argumentationsketten aufgebaut und Aussagen begründet werden. Mit Blick auf die Geschichte kann der Mathematik auch ein forschend-entdeckender Charakter zugesprochen werden, denn viele mathematische Erkenntnisse wurden durch systematisches Probieren, akribisches Elaborieren und eventuell sogar zufällig gemacht. Insofern lässt sich das forschend-entdeckende Lernen sowohl für den naturwissenschaftlichen als auch für den mathematischen Bereich als geeignete Arbeitsweise oder sogar als didaktisches Prinzip formulieren.

Zentral ist, dass Lernende selbst eine relevante Frage oder Aufgabe entwickeln und dieser nachgehen. Der Ansatz stellt den Erkenntnisprozess auf eine breite Basis. Dabei wird die wissenschaftlich strukturierte Vorgehensweise, die der Begriff *forschend* impliziert, einbezogen und gleichzeitig eine Abgrenzung zu eigentlichen wissenschaftlichen Forschungsaktivitäten an Universitäten und Forschungsinstituten erreicht. Der Begriff *entdeckend* erfasst den kognitiven Teil des Lernprozesses und kann in diesem Sinne in verschiedenen Phasen des forschenden Lernens erfolgen. *Forschend-entdeckendes Lernen* kann zusammenfassend als selbsttätige und zielgerichtete Auseinandersetzung mit einem neuen Sachverhalt oder Problem charakterisiert werden. Wichtig hierbei ist, dass die Frage- bzw. Problemstellung zunächst exakt beschrieben wird und zudem geeignete Methoden zur Beantwortung der Frage gewählt werden. Beobachtungen und Erkenntnisse müssen klar und eindeutig formuliert sowie mit Blick auf die Fragestellung kritisch bedacht werden. Ziel der Auseinandersetzung ist, dass selbstständig etwas Originäres entdeckt, reflektiert und die erarbeiteten Ergebnisse geeignet dargestellt werden. Ein entsprechendes Modell dieses Prozesses ist demnach kein kontinuierlicher Kreislauf, sondern es umfasst mehrere Rückkopplungen (vgl. Abb. 1.1).

Vor dem Hintergrund des angerissenen didaktischen Prinzips zum forschend-entdeckenden Lernen wurden die vorliegenden zwanzig Experimente im Rahmen des SFZ Jena praktisch erprobt und evaluiert. In der hier vorgestellten Version sollen die Experimente Leserinnen und Leser jeden Alters zu einem eigenständigen forschenden Blick im Alltag und zu Hause ermutigen. Dabei kann man auf diese spannende Entdeckungsreise ganz individuell oder auch zusammen mit der Familie gehen. So lässt sich allein oder gemeinsam mathematischen sowie naturwissenschaftlichen

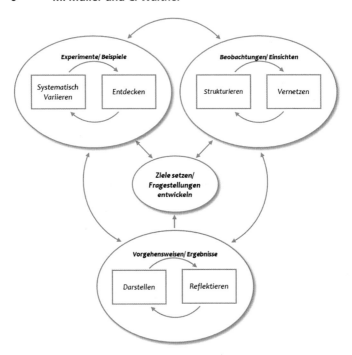

**Abb. 1.1** Modell des forschend-entdeckenden Lernens. (Eigene Darstellung; vgl. Roth, & Weigand 2014, S. 2–9).

Zusammenhängen im unmittelbaren Umfeld auf den Grund gehen. Es gibt mehr zu entdecken, als man eventuell vermutet, und neben interessanten Fragen sind packende Versuche und überraschende Ergebnisse garantiert.

\* \* \*

*Tilla flitzt ins Arbeitszimmer: „Papa, du hast eine Überraschung für uns vorbereitet? Wann geht es endlich los?" „Ruf mal alle zusammen, und wenn Franz vom Sport zurück ist, kann ich euch meinen Vorschlag fürs Wochenende vorstellen, es wird abwechslungsreich, spannend und bunt!" Jens freut sich schon und Kathrin mit ihm. „Lasst uns doch Tilla's Kinderzimmer treffen und dort unseren Forschungsspaziergang beginnen", schlägt Kathrin vor. Tilla ist begeistert und rennt los …*

## Literatur

Roth, J., & Weigand, H.-G. (2014). Forschendes Lernen. Eine Annäherung an wissenschaftliches Arbeiten. In: Mathematik lehren, 184, S. 2–9

# 2

# Kinderzimmer

**Forschungsspaziergänge zu Hause – Alltägliche mathematische und naturwissenschaftliche Entdeckungen**

## 2.1   Aus Drei mach Vier

*Franz sitzt in seinem Zimmer, völlig vertieft in die Hausaufgaben. Tilla nutzt die Gelegenheit, um alle Sachen zu inspizieren, die Franz sonst immer in seinem Schulrucksack hat: Auf dem Boden liegen Federmappe, Bücher, Hefter, Blätter und die glänzenden Zeichendreiecke herum. Die Konstruktionszeichnungen im Hefter erinnern Tilla an die Bastelbögen aus dem Kindergarten und so schnappt sie sich die Schere aus Franz' Federmappe. Sorgfältig schneidet sie die verschiedenen Dreiecke aus und nimmt dazu gleich mehrere Blätter auf einmal. Den Trick hat sie bei der Erzieherin gelernt, denn so bekommt man eine größere Stückzahl. Als Franz die Aufgabe zum Volumen einer Pyramide endlich*

© Springer-Verlag GmbH Deutschland, ein Teil von Springer Nature 2022
M. Müller und C. Walther, *Forschend durch Haus und Garten*,
https://doi.org/10.1007/978-3-662-64664-9_2

*gelöst hat, bemerkt er, dass seine kleine Schwester wohl schon eine Weile ganz still vor sich hingearbeitet hat. „Tilla, das kann doch nicht dein Ernst sein." Franz ist außer sich. „Die Schere ist kein Spielzeug für dich und meine Sachen gehen dich nichts, aber auch gar nichts an!" Tilla fängt furchtbar an zu weinen. „Du hast so viele tolle Sachen und ich nicht", schluchzt sie und erweicht das Herz ihres großen Bruders. „Naja, zum Glück waren es nur die Übungsblätter", tröstet Franz seine Schwester. „Jetzt musst du aber auch Ordnung schaffen." Gemeinsam sammeln sie die vielen Dreiecke auf. „Eigentlich sind die viel zu schade zum Wegwerfen", sagt Tilla, „wir können doch damit puzzeln." Dabei machen sie eine bemerkenswerte Entdeckung: Franz hält auf einmal so etwas wie eine Pyramide in seinen Händen, wie er sie aus seiner Hausaufgabe kennt.*

∗ ∗ ∗

**Frage**

**Können vier deckungsgleiche (kongruente) Papier-Dreiecke immer zu einem Pyramiden-Modell (mit dreieckiger Grundfläche) zusammengesetzt werden?**

Zunächst lohnt es sich zu überlegen, welche Arten von Dreiecken es gibt, um diese dann z. B. aus Papier oder Pappe auszuschneiden und zu versuchen, sie zu einem Pyramiden-Modell zusammenzusetzen. Dreiecke besitzen drei Seiten und drei Winkel. Man kann sie also entsprechend den Seiten oder Winkeln charakterisieren bzw. ordnen.

In Bezug auf die Seiten lässt sich unterscheiden, ob die Längen übereinstimmen. Wenn alle Seiten gleich lang sind, spricht man von einem gleichseitigen Dreieck. Sind nur zwei der drei Seiten gleich lang, dann ist es ein gleichschenkliges Dreieck. In Bezug auf die Winkel wird zwischen spitzwinklig (alle Winkel kleiner als 90°), recht-winklig (ein Winkel entspricht genau 90°) und stumpf-winklig (ein Winkel ist größer als 90°) unterschieden. Zur besseren Übersicht können die Begrifflichkeiten bzw. Ordnungsprinzipien in einer Tabelle zusammengeführt werden (siehe Tab. 2.1).

Es fällt z. B. auf, dass es keine stumpfwinkligen oder rechtwinkligen Dreiecke geben kann, die gleichseitig sind. Die Eigenschaft, dass alle Seiten gleich lang sind, erzwingt auch, dass alle Winkel gleich groß sind und somit 60° entsprechen müssen. Mit dem Wissen um die Ordnung der Dreiecke können auch die Begrifflichkeiten rund um Pyramiden mit dreieckigen Grundflächen angegangen werden.

Eine Pyramide mit dreieckiger Grundfläche wird als all-gemeiner Tetraeder bezeichnet und ist ein Polyeder (Viel-flächner), das von vier ebenen Flächen begrenzt wird. Dies ist die Bedeutung des aus dem Griechischen stammenden Wortes Tetraeder, das deshalb auch mit Vierflächner über-setzt wird. Der damit beschriebene Körper besitzt vier Ecken und sechs Kanten. Unter dem Begriff des Tetraeders wird häufig das reguläre Tetraeder (oder gleichseitiges

**Tab. 2.1** Übersicht zur Ordnung von Dreiecken nach Seiten und Winkeln

|  | Alle Seiten gleich lang | Zwei Seiten gleich lang | Keine Seite gleich lang |
|---|---|---|---|
| Alle Winkel kleiner 90° | Gleich-seitiges Dreieck | Spitzwinkliges gleichschenkliges Dreieck | Spitzwinkliges Dreieck |
| Ein Winkel genau 90° | – | Rechtwinkliges gleichschenkliges Dreieck | Rechtwinkliges Dreieck |
| Ein Winkel größer 90° | – | Stumpfwinkliges gleichschenkliges Dreieck | Stumpf-winkliges Dreieck |

Tetraeder) verstanden. Dieses weist die besondere Eigenschaft auf, dass die Dreiecksflächen, welche den Körper begrenzen, gleichseitig sind (siehe Abb. 2.1). Das reguläre Tetraeder stellt einen der fünf platonischen Körper dar.

Weiterhin versteht man unter einem gleichschenkligen Tetraeder einen Körper, bei dem die im Raum gegenüberliegenden Kanten paarweise gleich lang sind. Das Flächennetz des gleichschenkligen Tetraeders besteht aus vier kongruenten spitzwinkligen Dreiecken. Ein spitzwinkliges Dreieck ist dadurch charakterisiert, dass jeder Winkel des Dreiecks kleiner als 90° ist. Jedes gleichseitige Dreieck ist ein spitzwinkliges Dreieck, da jeder Innenwinkel genau 60° entspricht. Somit ist jedes reguläre Tetraeder ein gleichschenkliges Tetraeder.

Wir können also festhalten, dass es in jedem Fall möglich sein wird, ein Pyramiden-Modell (eines Tetraeders) aus vier kongruenten Papier-Dreiecken zusammenzusetzen, wenn diese spitzwinklig sind. Das geht aus der Beschreibung des Flächennetzes eines gleichschenkligen Tetraeders hervor.

Vier kongruente stumpfwinklige Papier-Dreiecke können hingegen nicht zu einem Pyramiden-Modell zusammengesetzt werden. Aufgrund des einen Innen-

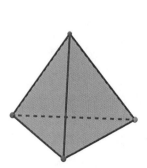
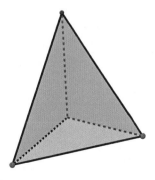

**Abb. 2.1**  Reguläres (links) und allgemeines Tetraeder (rechts)

winkels, der größer als 90° ist, würde ein Eckeninnen-
winkel des Modells größer als 180° entstehen. Kein
konvexer Körper besitzt solch einen Eckwinkel. Das
Modell wäre an (mindestens) einer Ecke offen und kann
nicht mit den vier Papier-Dreiecken geschlossen werden.

Für den Spezialfall von vier kongruenten rechtwinkligen
Papier-Dreiecken gilt ebenso, dass kein Pyramiden-Modell
zusammengesetzt werden kann. Ein Innenwinkel eines
rechtwinkligen Dreiecks entspricht genau 90°, damit
entspräche ein Eckwinkel des Modells genau 180°. Die
vier Dreiecke würden alle in einer Ebene liegen und das
Modell würde in sich zusammenfallen.

Als Antwort auf die Frage muss also unterschieden
werden. Vier deckungsgleiche (kongruente) Papier-Dreiecke
können zu einem Modell einer Pyramide mit dreieckiger
Grundfläche (Tetraeder-Modell) zusammengesetzt werden,
wenn sie spitzwinklig sind. Das Pyramiden-Modell entspräche in diesem Fall einem gleichschenkligen Tetraeder.
In den beiden anderen Fällen (stumpfwinklige und rechtwinklige Dreiecke) wird kein Pyramiden-Modell entstehen.

Da, wie eben beschrieben, das Flächennetz des gleichschenkligen Tetraeders aus vier spitzwinkligen Dreiecken besteht, kann solch ein Flächennetz auch schnell
konstruiert werden (Müller, 2017).

### Zum Selberforschen

**Zeichne ein spitzwinkliges Dreieck. Konstruiere die Seiten-
mittelpunkte und verbinde diese paarweise. Bezeichne alle
Seitenlängen und Winkelgrößen und überprüfe diese auf
Gleichheit. Entwickle aus der Zeichnung ein Flächennetz
eines gleichschenkligen Tetraeders. Erstelle auf der Grundlage ein Pyramiden-Modell.**

Entsprechend der Anweisung ist zunächst ein spitzwinkliges
Dreieck zu zeichnen. Werden die drei Seitenmittelpunkte

konstruiert und paarweise verbunden, entstehen vier kongruente spitzwinklige Dreiecke (siehe Abb. 2.2). Die Begründung, dass es sich um kongruente Dreiecke handeln muss, ergibt sich unmittelbar, wenn die Bezeichnungen von Seiten und Winkeln eingetragen werden.

Die beiden Teile der halbierten Seiten sind selbstverständlich gleich lang. In der Zuordnung ergibt sich, dass alle vier kleineren Dreiecke dieselben Seitenlängen a, b, c aufweisen. Sowohl das Ausgangsdreieck als auch die vier kleinen Dreiecke besitzen dieselben Winkelgrößen $\alpha, \beta, \gamma$. In jedem Seitenmittelpunkt des Ausgangsdreiecks treffen die drei Winkelgrößen $\alpha, \beta, \gamma$ zusammen und ergeben ersichtlich in Summe 180°. Alle vier kleineren Dreiecke besitzen somit dieselben Seitenlängen und Winkelgrößen. Sie sind daher deckungsgleich (kongruent).

Die Zeichnung kann als Flächennetz eines gleichschenkligen Tetraeders verstanden werden. Die Bezeichnung der Seiten zeigt auf, welche Kanten des Tetraeders dieselbe

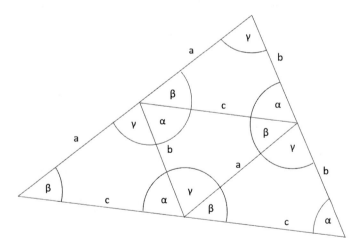

**Abb. 2.2** Zeichnung des Flächennetzes eines gleichschenkligen Tetraeders. Die Bezeichnungen der Seitenlängen und Winkelgrößen sind zugeordnet.

Länge haben und sich paarweise im Raum gegenüber-liegen. Dies beschreibt genau die Eigenschaft der Gleich-schenklichkeit des Tetraeders. Nach erfolgter Konstruktion des Flächennetzes auf Papier kann entlang der Verbindungs-strecken zweier Seitenmittelpunkte des Ausgangsdreiecks gefaltet werden kann. Die drei Ecken des Ausgangsdreiecks können im Raum zusammengeführt werden und es entsteht ein Pyramiden-Modell. Wenn man Klebepfalze mit bedenkt oder Klebeband nutzt, kann das Modell verfestigt werden.

Beliebt sind diese Pyramiden-Modelle auch als Ver-packungen von Lebensmitteln. Der bekannte Begriff des Tetrapaks bezieht sich auf eine tetraederförmige Ver-packung, denn das erste Tetrapak war wie ein Tetraeder-Modell geformt.

* * *

*Tilla atmet tief durch: Das war eine Aufregung. „Ich habe Durst! Franz, kannst du mir etwas zu trinken aus dem Kühlschrank holen?" Franz sieht seine kleine Schwester ver-wundert an: „Tilla! Hm, na gut, weil du es bist, wir haben noch ein offenes Tetrapak mit Saft im Kühlschrank, das kann gleich mal holen. Ich muss auch etwas trinken, bevor ich die Hausaufgaben zu Ende bringe."*

## 2.2  Die Zauberstifte

*Tilla hat neue Filzstifte bekommen, und zwar ganz besondere: Zusätzlich zu den verschiedenen Farben gibt es einen weißen Zauberstift, und wenn sie mit dem über die farbigen Linien malt, ändern sich deren Farben. Immer wieder zeigt sie ihrer Familie die Zauberei, und am Ende des Tages sind Franz und Luisa ziemlich genervt. „Ja, Tilla, deine Zauberstifte …Gelb wird Rot, Braun wird Grün, Lila wird Himmelblau … wir haben es kapiert." Bloß gut, dass*

*Oma ein bisschen geduldiger ist. „Tilla, letzte Woche gab es in der Bibliothek ein Farbenfest, da wurden auch Experimente mit Filzstiften gemacht. Hast du Lust, dir deine Stifte mal etwas genauer anzuschauen – vielleicht ist es ja gar keine Zauberei?"*

$$* * *$$

Bestimmt hast du schon mal beobachtet, dass Filzstiftfarben auf feuchtem Papier verlaufen. Diesen Effekt kann man nutzen, um Filzstifttinten und deren Zusammensetzung genauer zu untersuchen.

**Frage**

**Wie funktionieren eigentlich Farbwechselstifte?**

Ein Set von Farbwechselstiften oder „Magic Markers" enthält neben verschiedenfarbigen Filzstiften einen Fasermaler, der keine farbige Tinte, sondern eine farblose Flüssigkeit enthält. Im Folgenden wollen wir gemeinsam erkunden, wie diese Farbwechselstifte funktionieren und welche Eigenschaften diese Flüssigkeit hat.

**Zum Selberforschen**

- Set Farbwechselstifte
- Filterpapier oder weiße Kaffeefilter ohne Prägung
- Bleistift
- Schere
- Bleistift
- Schraubverschluss einer PET-Flasche
- Wasser

Zuerst schauen wir uns an, welche Farben unsere Filzstifte haben und wie sie sich mit dem weißen Fasermaler ändern (siehe Tab. 2.2). Je nachdem, welche Stifte du verwendest, kann das Ergebnis bei dir natürlich anders aussehen.

Um zu schauen, welche Farbstoffe in den Tinten der Fasermaler enthalten sind, verwenden wir eine einfache Form der Chromatografie. Dieses schöne Wort bedeutet „mit Farben schreiben" und ist eine wichtige Methode zur Untersuchung von Stoffen.

Wir schneiden uns aus dem Filterpapier mehrere ca. 1 cm breite Streifen, die mindestens 7 cm lang sein sollten, und füllen den Flaschendeckel zur Hälfte mit Wasser. Dabei sollte die Arbeitsfläche unbedingt trocken bleiben. Mit dem Bleistift markieren wir auf dem Filterpapierstreifen ca. 1 cm vom Rand die Startlinie und setzen darauf einen Filzstiftpunkt. Zur Kontrolle malen wir noch einen Filzstiftpunkt auf das obere Ende des Streifens. Nun halten wir den Filterpapierstreifen in den Flaschendeckel, sodass die Startlinie oberhalb der Wasseroberfläche liegt (siehe Abb. 2.3). Die Filzstiftpunkte dürfen nicht in das Wasser tauchen!

Wenn das Wasser etwa 5 bis 6 cm in dem Papierstreifen aufgestiegen ist, nehmen wir den Streifen heraus und trocknen ihn. Bei den meisten Filzstiften ist nun die Farbe verlaufen, weil die enthaltenen Tintenfarbstoffe zumeist gut wasserlöslich sind. Dies ist nicht verwunderlich, denn

**Tab. 2.2**  Farbwechselstifte

| Stiftfarbe | Farbe mit „Zauberstift" |
| --- | --- |
| Dunkelblau | Hellblau |
| Schwarz | Lila |
| Gelb | Rot |
| Dunkelgrün | Lila |
| Violett | Hellblau |
| Rot | Gelb |
| Orange | Rot |
| Grün | Gelb |
| Braun | Grün |

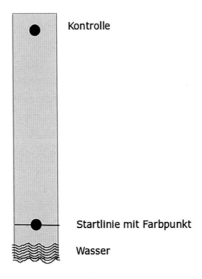

Kontrolle

Startlinie mit Farbpunkt

Wasser

**Abb. 2.3**   Filterpapierstreifen für die Papierchromatografie.

schließlich bewerben viele Hersteller ihre Produkte mit „leicht auswaschbar". Bei einigen Stiften kann es sein, dass die Tinte mehrere Farbstoffe enthält, die sich entlang des Papierstreifens trennen. Je nachdem, wie gut sich die Farbstoffe in Wasser lösen oder mit dem Papier verbinden, wandern sie unterschiedlich schnell mit dem Wasser mit, sodass sie sich schließlich trennen und unterscheiden lassen.

Wenn du nun den Versuch mit verschiedenen Stiften wiederholst, wirst du feststellen, dass die Tinten unserer Farbwechselstifte fast immer mehrere Farbstoffe enthalten und somit Farbgemische sind. So teilen sich die grünen Tinten jeweils in einen blauen und einen gelben Farbstoff auf, die braune Tinte setzt sich aus Blau, Pink und Gelb zusammen.

Je nachdem, welche Farbstifte du in deinem Versuch verwendest, können sich die Ergebnisse von denen in Tab. 2.3 unterscheiden. Daher ist es hilfreich, wenn du

**Tab. 2.3** Farbstoffe in den Filzstifttinten

| Stiftfarbe | Enthaltene Farbstoffe |
|---|---|
| Dunkelblau | Violett, Hellblau |
| Schwarz | Dunkelblau, Pink, Orange |
| Gelb | Gelb |
| Dunkelgrün | Gelb, Blau |
| Violett | Blau, Pink |
| Rot | Pink, Gelb |
| Orange | Gelb, Pink |
| Grün | Blau, Gelb |
| Braun | Hellblau, Pink, Gelb |

deine eigenen Beobachtungen ebenfalls in einer Tabelle dokumentierst.

Nachdem unsere Papierstreifen getrocknet sind, können wir nun schauen, wie sich die einzelnen Farbstoffe unter dem Einfluss des „Zauberstiftes" verändern. Dazu übermalen wir die rechte Hälfte des Streifens mit dem weißen Fasermaler und lassen die linke Hälfte als Kontrolle unbearbeitet. Die verschiedenen Farbstoffe verhalten sich unter dem Einfluss des „Zauberstiftes" unterschiedlich: Nur der gelbe Farbstoff ändert tatsächlich seine Farbe. Einige Farbstoffe (Pink, Blau, Violett) werden gelöscht, während andere unverändert bleiben (siehe Tab. 2.4).

Die Tinte eines Farbwechselstoffes besteht also meist aus zwei oder mehreren Farbstoffen, wovon einer mit der Tinte des „Zauberstiftes" reagiert. Dadurch ändert sich die Mischfarbe und durch die Kombination verschiedener Farbstoffe kann man eine Vielfalt von Farbwechseln erzeugen.

\* \* \*

*Mittlerweile schauen auch Franz und Luisa interessiert auf die vielen bunten Streifen. Leider hat der weiße Stift durch den häufigen Gebrauch schon viel von seiner „Zauberkraft" verloren, aber Luisa weiß von ihrer Banknachbarin, wie man*

**Tab. 2.4** Veränderung der Farbstoffe

| Stiftfarbe | Enthaltene Farbstoffe | Änderung mit „Zauberstift" | Mischfarbe mit „Zauberstift" |
|---|---|---|---|
| Dunkelblau | Violett, Hellblau | Violett wird gelöscht | Hellblau |
| Schwarz | Dunkelblau, Pink, Orange | Orange wird gelöscht | Violett |
| Gelb | Gelb | Gelb wird zu Rot | Rot |
| Dunkelgrün | Gelb, Blau | Gelb wird zu Rot | Violett |
| Violett | Blau, Pink | Pink wird gelöscht | Blau |
| Rot | Pink, Gelb | Pink wird gelöscht | Gelb |
| Orange | Gelb, Pink | Gelb wird zu Rot | Rot |
| Grün | Blau, Gelb | Blau wird gelöscht | Gelb |
| Braun | Hellblau, Pink, Gelb | Pink wird gelöscht | Grün |

sich behelfen kann: „Schau mal Tilla, das funktioniert auch mit einem Tintenlöscher! So zauberhaft ist dieser Stift gar nicht. Ich frage mich, was da drin ist …" Auch Oma kommt ins Grübeln. „Wir hatten ja früher keine Tintenkiller, aber natürlich gab es Tintenflecken. Und dafür hatten wir ein Fleckenmittel, das immer etwas streng gerochen hat." Sofort flitzt Tilla in den Keller und holt alle Fleckentferner, die sie finden konnte. Nach einigen enttäuschenden Versuchen bleibt zum Schluss noch eine alte Pappschachtel übrig. „Ja, das ist der Geruch", sagt Oma, nachdem sie eine Messerspitze des weißen Pulvers aufgelöst hat und vorsichtig auf die Filzstiftlinien tropft. „Hura, es funktioniert!", ruft Tilla, als sich die Farben ändern. „Wir haben das Zaubermittel entdeckt!" „Tilla, das ist keine Zauberei, das ist Kaltentfärber", belehrt Luisa ihre kleine Schwester und liest aufmerksam die Inhaltsangaben auf der Packung. „Aber nun wissen wir endlich, was in dem Zauberstift enthalten sein könnte …"

**Und nun noch einmal ganz genau ...**

Im Papierchromatogramm der Farbwechselstifte kannst du erkennen, dass deren Filzstifttinten zumeist aus einem Gemisch verschiedener Farbstoffe bestehen. Außerdem wird ein Farbstoff in mehreren Tinten verwendet: Bei den Stiften in unserem Beispiel ist der gelbe Farbstoff im gelben Stift als einziger Farbstoff enthalten und löst sich kaum vom Startpunkt. Auch im Chromatogramm der dunkelgrünen und orangefarbenen Tinte findet sich dieser „unbewegliche" Farbfleck.

Mit dem „Zauberstift" werden einzelne Farbstoffe in diesem Gemisch verändert: Sie werden entweder farblos oder ihre Farbe ändert sich (wie beim gelben Farbstoff). Daher ändert sich die Farbe der Tinte, selbst wenn nur ein oder mehrere Farbstoffe der Tinte entfärbt werden oder sich deren Farbe ändert.

Wenn du Kaltentfärberlösung auf die Farbwechselstift-Punkte gibst, ändern sie ihre Farbe in der gleichen Weise wie mit dem „Zauberstift"; manchmal funktioniert der Kaltentfärber sogar etwas besser. Im Kaltentfärber ist Natriumdithionit enthalten, das ein starkes Reduktionsmittel ist. Es ändert die chemische Struktur vieler Farbstoffe, sodass diese nicht mehr farbig aussehen – sie werden „entfärbt". Es ist also anzunehmen, dass im „Zauberstift" Natriumdithionit oder ein anderes starkes Reduktionsmittel enthalten ist.

Einige Farbstoffe werden nicht entfärbt, ändern aber ihre Farbe (z. B. von Gelb zu Rot). Hier beruht die Farbänderung auf der Änderung des pH-Wertes, da Natriumdithionit basisch ist.

**Zum Weiterforschen**

Teste verschiedene Filzstifte.

Vergleiche die Chromatogramme der verschiedenen Filzstifte. Gibt es Farbstoffe, die in mehreren Tinten enthalten sind?

Teste verschiedene schwarze Stifte. Haben deren Tinten immer die gleiche Zusammensetzung?

## 2.3    Der Allzweckstöpsel

*Luisa ist stocksauer. Sie hat von Mama die klare Anweisung erhalten, ihr Zimmer aufzuräumen. Das ist ungerecht, denn eigentlich müsste Tilla aufräumen, die das Zimmer auf der Suche nach Verkleidungsutensilien völlig verwüstet hat. Außerdem muss Franz nie sein Zimmer aufräumen, und sowieso geht es Mama gar nichts an, wie es hier aussieht. Lustlos stopft Luisa das Eisbärenkostüm in die Verkleidungskiste und sammelt die Bastelperlen ein. Als sie die Bücher ins Regal stellt, fällt ihr ein Kinderspielzeug in die Hand, mit dem Tilla als Zweijährige ständig gespielt hat. „Sorting Cage" steht auf dem kleinen Holzkasten mit runden, dreieckigen und quadratischen Löchern, der verschiedene Holzkörper enthält. Stundenlang hat Tilla versucht, jede Form durch die jeweils passende Öffnung zu stecken. „Was hast du denn da?", fragt Opa Manfred, der Luisa fluchen gehört hat und besorgt ins Zimmer schaut. „Mein ganzes Zimmer ist voller Gerümpel. Hier – ein bis drei Jahre." Luisa zeigt auf die Altersangabe des Spielzeugs. „Niemand in der Familie hat dafür Verwendung und so wird es einfach in mein Zimmer gestellt." Opa schaut sich das Spielzeug genau an. „Wie soll das heißen? Soding Was? Das kenne ich doch von früher! Luisa, du hast Unrecht, das ist nicht nur für kleine Kinder interessant. Du musst nur die richtigen Fragen stellen. Es ist offensichtlich ganz leicht, drei verschiedene Körper zu finden, die durch die drei Öffnungen passen. Viel spannender ist es, einen Körper zu finden, der durch alle Öffnungen passt.*"

\* \* \*

**Frage**

Gegeben ist ein Werkstück mit drei verschiedenen Öffnungen (siehe Abb. 2.4). Gibt es einen Körper, der möglichst konturengleich in alle Öffnungen des Werkstücks gesteckt werden kann?

Wir können davon ausgehen, dass die Seitenlängen der quadratischen Öffnung dem Durchmesser der kreisrunden Öffnung sowie der Grundseite der Dreiecksöffnung entsprechen. Die Dreiecksöffnung ist ein gleichschenkliges Dreieck, dessen Grundseite der Länge der zugehörigen Höhe entspricht. Mit „konturengleich" ist in diesem Zusammenhang gemeint, dass der Körper die Öffnungen vollständig ausfüllen sollte, wenn er die Öffnungen passiert (Müller, & Poljanskij, 2021).

Als ersten Ansatz kann man die Körper, welche zu den jeweiligen Öffnungen passen (und als Modelle dem Kinderspielzeug beiliegen), genau anschauen. Für die

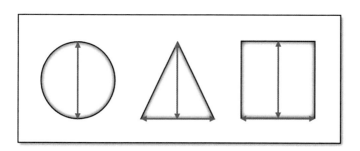

**Abb. 2.4** Werkstück mit drei Öffnungen

Kreisöffnung steht oftmals neben einer Kugel ein Kreiszylinder zur Verfügung. Die kreisrunde Grundfläche
hat den entsprechenden Durchmesser der kreisrunden
Öffnung (Grundriss). Betrachtet man den Kreiszylinder
von der Seite (Seitriss), ist ein Rechteck erkennbar. Wenn
die Höhe des Kreiszylinders mit dem Durchmesser
übereinstimmt, gleicht der Seitriss einem Quadrat. Das
bedeutet, dass der passend zugeschnittene Kreiszylinder
(Höhe = Durchmesser) durch zwei der drei Öffnungen
(Kreis, Quadrat) konturgleich gesteckt werden kann, wenn
er in die richtige Lage gebracht wird. Dieser Ansatz kann
konsequent fortgeführt und die dritte Öffnung (Dreieck) einbezogen werden. Es handelt sich selbstverständlich um einen dreidimensionalen Körper. Grund- bzw.
Seitriss sind Projektionen des Körpers in nur zwei der
drei Dimensionen. Es bleibt eine weitere Dimension, die
betrachtet werden kann. Die zugehörige Projektion kann
als Aufriss bezeichnet werden. Bei dem gesuchten Körper
sollte der Aufriss einem Dreieck entsprechen. Wie schon
beim „Kürzen" des Kreiszylinders kann der gesuchte
Körper zurechtgeschnitten werden. Stellt man sich vor,
dass der schon beschriebene Kreiszylinder (Höhe = Durchmesser) im Aufriss zum gleichschenkligen Dreieck
geschnitten wird, dann entsteht ein Körper, der durch alle
drei Öffnungen konturgleich gesteckt werden kann (siehe
Abb. 2.5).

Es bleibt die Frage, wie man ein Modell eines solchen
Körpers herstellen kann. Als Ausgangspunkte können die
drei beschriebenen Projektionen des dreidimensionalen
Körpers (Grundriss, Seitriss, Aufriss) dienen, um in einem
ersten Schritt ein Gerüst für ein mögliches Modell zu
erstellen.

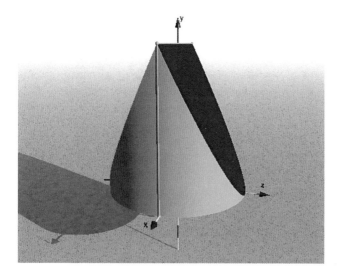

**Abb. 2.5** Allzweckstöpsel mit kreisförmigem Grundriss, rechteckigem Seitriss und dreieckigem Aufriss.

**Zum Selberforschen**

Schneide ein Quadrat, ein Dreieck und einen Kreis aus (verschiedenfarbigem) Pappkarton aus. Achte darauf, dass die Seitenlänge des Quadrates jeweils mit den Längen des Kreisdurchmessers, der Dreiecksgrundseite und der zugehörigen Dreieckshöhe übereinstimmt. Stecke die drei Schnittmuster jeweils orthogonal (rechtwinklig) ineinander. Zur Befestigung können Einschnitte und Klebeband dienen (siehe Abb. 2.6).

Schon das Gerüst für das Modell des gesuchten Körpers verdeutlicht die entscheidende Eigenschaft, dass der Grundriss einem Kreis, der Seitriss einem Quadrat und der Aufriss einem Dreieck entspricht. Das erstellte Gerüst kann zusätzlich mit Modellier- oder Knetmasse aufgefüllt werden, um ein Modell des gesuchten Körpers zu erhalten. Dabei sind weitere spannende Entdeckungen zu erwarten,

**Abb. 2.6** Gerüst-Modell eines Allzweckstöpsels.

denn es können verschiedene Modellformen gefunden werden. Eventuell gibt es mehr als einen Körper mit den gesuchten Eigenschaften. Neben diesem haptischen Verfahren der Modellherstellung ist auch ein digitales Verfahren leicht umsetzbar.

So erlaubt die *Microsoft*-Software *3D-Builder,* welche als App für *Windows* standardmäßig verfügbar ist, die Möglichkeit, ein 3-D-Druckverfahren zu nutzen. Mit der Software können 3D-Objekte angezeigt und erstellt werden. Das Verfahren bietet sich an, um ein konkretes Modell des beschriebenen Körpers zu drucken. Die Software ist so aufgebaut, dass die Steuerung über Registerkarten erfolgt. Beim Register *Einfügen* können Körper ausgewählt werden, die dann in der *Szene* erscheinen. Der gesuchte Körper wird aus einem Zylinder geschnitten. Deshalb wird zunächst der Befehl *Zylinder* ausgewählt.

Selbstverständlich müssen an dieser Stelle konkrete Maße angegeben werden. Im nächsten Schritt erfolgen die oben beschriebenen Schnitte. Daher wird ein weiterer Körper eingefügt, der sich mit dem bereits erstellten Zylinder überschneidet. Der Befehl *Keil* liefert die beiden beschriebenen Schnitte am einfachsten. Auch beim Keil müssen die Maße entsprechend angepasst werden. Um den Schnittkörper zu erhalten, wird unter dem Register *Bearbeiten* der Befehl *Überschneiden* gewählt (siehe Abb. 2.7).

Der modellierte Schnittkörper weist ebenfalls die entsprechenden Maße auf, welche anfangs für das 3D-Modell gewählt worden. Abschließend kann ein Druckauftrag

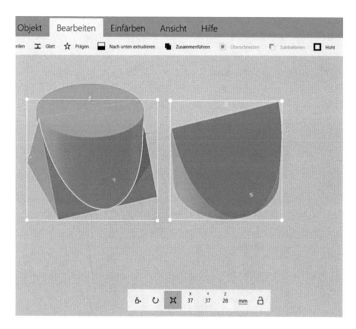

**Abb. 2.7** Entwicklung eines 3D-Druck-Modells eines Allzweck-stöpsels.

erstellt und z. B. online versandt werden. Ein gedrucktes 3D-Modell, das aus Kunststoff gefertigt ist, zeigt die folgende Abb. 2.8.

Neben diesen modernen digitalen Verfahren, die zur Modellherstellung genutzt werden können, sind auch die historischen Bezüge der Problemstellung interessant. Die Beschreibungen des Problems reichen bis in das 18. Jahrhundert zurück. Peter Friedrich Catel formulierte das Problem 1790 in seinem Buch *Mathematisches und physikalisches Kunst-Cabinet*. Als Berliner Feinmechaniker und Spielzeughersteller fertigte er ein Brett aus Pflaumenholz, das mit drei Öffnungen versehen war, die von ihm als „die mathematischen Löcher" bezeichnet wurden. Die Originalaufgabe lautete wie folgt:

„*Die mathematischen Löcher [...] bestehen aus einem von Pflaumenholz verfertigtem Brette, 9 Zoll lang und 2½ Zoll breit, worin ein viereckiges, ein rundes und ein drei-eckiges Loch sind. Die Aufgabe davon ist: Dass man die Figur angeben soll, welche durch alle 3 Löcher gehen könne, und doch solche vollkommen verstopfe oder ausfülle. Man kann solche von Brot [...] oder Holz schneiden lassen.*"

**Abb. 2.8**  Gedrucktes 3D-Modell eines Allzweckstöpsels.

Die Lösung dieses Problems wurde bereits im genannten Buch angegangen. In einer Illustration sind darin das Brett mit den drei Öffnungen und ein passender Körper zusehen. Diese Abbildung ist allerdings nicht besonders aussagekräftig und kann nur eine erste Idee von einem möglichen Körper mit den geforderten Eigenschaften geben. Dennoch ist die perspektivische Zeichnung für die damaligen Möglichkeiten bemerkenswert. Der ungarische Mathematiker George Pólya griff die Problemstellung ca. 200 Jahre später in seinem Buch *Vom Lösen mathematischer Aufgaben* wieder auf. Dabei wird der gesuchte Körper als „Allzweckstöpsel" bezeichnet. Es liegt nahe, dass Opa Manfred dieses Buch gelesen hat.

* * *

*Luisa ist begeistert. Eilig schnappt sie sich ihre Digicam und ihren Laptop. Sie möchte sofort einen neuen Clip für Ihren YouTube-Channel erstellen, wie ein vermeintliches Kleinkind-Spielzeug zu spannenden Problemstellungen animiert, die in die Geschichte zurückreichen und mit hochmodernen 3-D-Druckverfahren gelöst werden können. Opa Manfred schaut Luisa staunend über die Schulter. Das Aufräumen muss noch warten.*

## 2.4    Was leuchtet da?

*Kritisch schaut Luisa auf ihr Regal. Es ist viel zu voll, sodass die Spiele und Bücher, die sie letzte Woche zum Geburtstag bekommen hat, gar keinen Platz mehr finden. „Vielleicht hat Mama ja recht. Ich sollte mal wieder ausmisten", denkt sie sich. Aber als Luisa auf die Schachteln und Spielzeuge schaut, tut es ihr doch etwas leid, die Sachen einfach wegzuwerfen. „Tilla", ruft sie laut, „komm mal her." Kurz darauf ist der Inhalt des Regals auf dem ganzen Fußboden verteilt und die zwei Schwestern sind völlig vertieft. „Und ich darf mir wirklich was aussuchen?", fragt Tilla ungläubig. „Ja klar." Luisa ist auf einmal sehr stolz auf sich, eine große und großzügige Schwester zu sein. „Hier, damit habe ich immer Detektivin gespielt", sagt sie und gibt Tilla eine Box, in der sich eine kleine Lampe befindet. „Das Fingerabdruckpulver ist leider schon alle, aber vielleicht können wir mit der Schwarzlichtlampe ja noch was anfangen…" „Was ist eine Schwarzlichtlampe?", fragt Tilla. „Licht ist doch nicht schwarz?" „Keine Ahnung, das ist halt so Licht, mit dem bestimmte Sachen leuchten." Ganz genau weiß Luisa das auch nicht. „Los, lass es uns einfach ausprobieren." Und schon bald ziehen die beiden durchs Haus auf der Suche nach Dingen, die sie zum Leuchten bringen.*

∗ ∗ ∗

Mit einer Schwarzlichtlampe oder UV-Taschenlampe kannst du nicht nur Detektiv spielen, sondern dich damit auch auf die Suche nach fluoreszierenden Stoffen begeben. Was das für Stoffe sind und wo man sie finden kann, können wir gemeinsam erkunden.

**Frage**

**Was sind fluoreszierende Stoffe und wo finde ich sie?**

Jedes Mal, wenn du einen Regenbogen siehst, kannst du erkennen, dass das Sonnenlicht ein ganzes Spektrum von verschiedenfarbigem Licht enthält. Was wir mit unseren Augen nicht sehen können, sind die Anteile des Sonnenlichts, die entweder energieärmer (wie z. B. die Wärmestrahlung) oder energiereicher als das sichtbare Licht sind. Zu Letzterem gehört die UV-Strahlung, die für uns nicht sichtbar ist. Dieses „unsichtbare" Licht wurde von seinen Entdeckern „Schwarzlicht" genannt. Durch die Entwicklung von neuen LEDs sind UV- oder Schwarzlichtlampen mittlerweile sehr kostengünstig zu haben, sodass es dir nicht schwerfallen sollte, eine solche Lampe zu besorgen (manchmal werden sie auch unter dem Begriff „Geldscheinprüfer" oder „Urindetektor" verkauft).

**Zum Selberforschen**

- UV-LED-Lampe
- Textmarker in verschiedenen Farben
- Vollwaschmittel (Pulver)
- Geldscheine
- Kleine Gläser
- Filterpapier
- Schere
- Wasser
- Brennspiritus
- Essigessenz (25 % Säure)

Textilien, Kunststoffe, Papier – wenn wir mit der UV-Taschenlampe durch die Wohnung gehen und verschiedene Sachen anstrahlen, werden wir vielleicht schon eine Reihe von Materialien entdecken, die im UV-Licht bunt leuchten. Besonders schön funktioniert das mit Textmarkern, mit denen du sogar leuchtende Flüssigkeiten herstellen kannst. Wir schneiden dazu das Filterpapier in lange Streifen, die wir mit einem Textmarker vollständig anmalen. Die bunten Streifen legen wir in ein kleines Glas und geben etwa 1 EL (10 mL) Wasser dazu. Nachdem sich der Textmarkerfarbstoff im Wasser gelöst hat, nehmen wir den Streifen heraus und leuchten die farbige Lösung mit der UV-Lampe an.

Vor allem die gelben und grünen Textmarker-Lösungen leuchten sehr hell im Schwarzlicht. Bei dem roten und dem orangefarbenen Textmarker kann es sein, dass sie sich nur schlecht im Wasser lösen, aber zumindest die Farbe auf dem Filterpapier leuchtet. Solche Farbstoffe nennt man fluoreszierende Stoffe. Sie nehmen energiereiches Licht auf und wandeln es in energieärmeres Licht um. Wenn dieses energiearme Licht im sichtbaren Bereich des Lichtspektrums liegt, also von unseren Augen wahrgenommen werden kann, sieht es für uns aus, als würden die Farben von selbst leuchten. Diese Eigenschaft macht man sich vor allem bei den gelben Textmarkern zunutze. Wenn man gelb markierte Textausdrucke auf den Kopierer legt, wird nur der Text, nicht aber die Markierung kopiert. Der gelbe Farbstoff wird während des Kopiervorgangs durch das UV-Licht des Kopierers angeregt und strahlt gleichzeitig wieder Licht ab. Dadurch ist die Markierung auf der Kopie nicht mehr zu erkennen.

Textmarkerfarben sind synthetische – also künstlich hergestellte – Farbstoffe, die z. B. auch zum Färben von Textilien oder Kunststoffen verwendet werden. Teste doch mal deine Kleidung – „Neonfarben" werden fast immer hell leuchten, wenn du sie mit der UV-Taschenlampe anstrahlst. Aber auch weiße Wäsche erstrahlt hell im UV-Licht. Das liegt an den optischen Aufhellern, die den Textilien ebenso wie Vollwaschmitteln zugesetzt werden, um die Wäsche „weißer als weiß" erscheinen zu lassen. Wenn du mit der UV-Lampe auf Vollwaschmittel-Pulver strahlst, kannst du vielleicht kleine leuchtende Körnchen erkennen. Diese optischen Aufheller nehmen das UV-Licht auf und leuchten nicht nur in einer Farbe, sondern geben über das ganze sichtbare Spektrum verteilt Licht ab. Dadurch sieht die Wäsche hell und weiß aus, selbst wenn die Textilfaser vielleicht schon etwas älter und vergilbt ist.

Bei Banknoten werden fluoreszierende Farbstoffe als Sicherheitsmerkmale eingesetzt: Strahle verschiedene Geldscheine mit der UV-Lampe an und schau, ob du Muster erkennen kannst, die im „normalen" Licht nicht sichtbar waren. Vielleicht musst du statt der UV-LED-Lampe eine röhrenförmige UV-Lampe verwenden, die noch energiereicheres Licht abstrahlt, um alle fluoreszierenden Elemente zu erkennen. Zum einen wird z. B. Druckfarbe mit fluoreszierenden Pigmenten eingesetzt. Je nach Pigmentwahl werden unterschiedliche Farben im sichtbaren Lichtspektrum abgestrahlt. Welche Bereiche in welcher Farbe zurückstrahlen, hängt von der Wellenlänge der UV-Lichtquelle ab. Darüber hinaus enthält auch das Papier schon einzelne Fasern, die fluoreszieren.

Doch zurück zu unseren Textmarkern: Wie du vielleicht festgestellt hast, lösen sich nicht alle fluoreszierenden Farbstoffe gut in Wasser. Wir wiederholen daher den Versuch und verwenden statt Wasser Lösemittel. Achte darauf, dass der Raum gut gelüftet ist, und lass dir von einem Erwachsenen helfen. Je nach verwendetem Textmarker kann es sein, dass der im Brennspiritus gelöste Farbstoff auf einmal ganz anders aussieht (siehe Tab. 2.5). Besonders beeindruckend ist das beim gelben Textmarker. Hier sieht die Lösung zunächst farblos aus, sodass man annehmen könnte, er habe sich im Brennspiritus nicht gelöst. Wenn wir jedoch die Lösung mit der UV-Lampe anleuchten, erstrahlt sie hellblau – ein deutlicher Hinweis darauf, dass sich der Farbstoff auch in Brennspiritus gut löst.

Viele synthetische Fluoreszenzfarbstoffe ändern ihre Farbe Lösemittel. Das hat mit dem chemischen Aufbau der Farbstoffe zu tun. In diesen oft sehr großen Molekülen lassen sich die Bindungen sehr leicht verschieben, sodass

**Tab. 2.5** Farbe der Textmarker-Lösungen

| Textmarkerfarbe | Farbstoff in Wasser | Farbstoff in Brennspiritus |
|---|---|---|
| Gelb | Gelb | Farblos |
| Grün | Grün | Blau |
| Rot | - | Orange |

das umgebende Lösemittel einen starken Einfluss auf die Struktur und damit die Farbe hat.

$$* * *$$

*Tilla mag die Lampe gar nicht mehr aus der Hand legen. Den ganzen Nachmittag stromert sie durchs Haus und untersucht alles, was sie finden kann. Und als es schließlich dunkel wird, staunt sie, wie viele Dinge im Haus im schwarzen Licht leuchten.*

## Und nun noch einmal ganz genau ...

Fluoreszierende Farbstoffe haben die Eigenschaft, kurzwelliges Licht in längerwelliges Licht umzuwandeln. Wenn das abgegebene Licht im Bereich des sichtbaren Lichtes liegt (ca. 400 bis 800 nm), nehmen wir ein Leuchten wahr. Fluoreszierende Farbstoffe haben – wie alle Farbstoffe – eine Molekülstruktur, in der sich die Einfach- und Doppelbindungen abwechseln. In solchen „konjugierten Systemen" sind die Bindungselektronen über das ganze Molekül verteilt, also „delokalisiert". Sie können dadurch leicht in einen angeregten Zustand versetzt werden. Fluoreszierende Moleküle enthalten darüber hinaus chemische Gruppen, die den angeregten Zustand stabilisieren. Daher wird die Energie des angeregten Zustandes nicht nur als Wärme, sondern auch als Lichtquant wieder abgegeben. Da diese chemischen Gruppen oft polar sind, kommt es zur Wechselwirkung mit dem umgebenden Lösemittel. Wenn z. B. ein fluoreszierender Farbstoff in einer polaren Flüssigkeit gelöst wird, lagern sich die Lösemittel-moleküle um die chemischen Gruppen und verändern damit den stabilisierenden Effekt. Dadurch verändert sich abhängig vom Lösemittel die Elektronenverteilung im Molekül und damit die (Fluoreszenz-)Farbe des Farbstoffes. Auch der pH-Wert kann einen Einfluss haben: So können sich die in Säuren enthaltenen, positiv geladenen Wasserstoff-Ionen an die geladenen Gruppen der Farbstoffmoleküle binden und so die Molekülstruktur verändern. Daher wechseln einige Fluoreszenzfarbstoffe abhängig vom pH-Wert ihre Farbe und sind gut als pH-Indikatoren geeignet.

---

**Zum Weiterforschen**

- Begib dich auf die Suche nach weiteren fluores-zierenden Stoffen. Du kannst z. B. Textilien oder Kunst-stoffe testen.
- Teste, ob auch in anderen Waschmitteln optische Auf-heller enthalten sind.
- Wie viele Sicherheitsmerkmale kannst du bei ver-schiedenen Geldscheinen erkennen? Besonders gut siehst du sie in einer dunklen Umgebung.
- Teste auch bei den anderen Textmarkern, ob sich die Farbe bei Zugabe von Essigsäure ändert.
- Untersuche verschiedene Kosmetika. Manchmal werden auch hier fluoreszierende Farbstoffe verwendet.
- Verteile etwas Sonnencreme auf deiner Haut und beleuchte sie mit der UV-Lampe.
- Stelle 50 mL einer gelben Textmarker-Lösung her und beleuchte sie mit der UV-Lampe. Halte eine Sonnenbrille zwischen die Lampe und die Textmarker-Lösung.

---

# Literatur

Müller, M. (2017). Aus Drei mach Vier – Vom Drei-eck zum Tetraeder. In M. Müller (Hrsg.), *Überraschende Mathematische Kurzgeschichten* (S. 55–60). Springer.

Müller, M., & Poljanskij, N. (2021). Gibt es mehr als einen Pólya-Stöpsel? Verschiedene Zugänge zu einer geometrischen Problemstellung. In É. Vásárhelyi & J. Sjuts (Hrsg.), *Theoretische und empirische Analysen zum geometrischen Denken* (S. 227–242). WTM. https://doi.org/10.37626/GA9783959872003.0

# 3

# Garten

**Forschungsspaziergänge zu Hause – Alltägliche
mathematische und naturwissenschaftliche Entdeckungen**

## 3.1 Leuchtende Natur

*Es ist nun eine Weile her, dass Luisa ihrer kleinen Schwester
das Detektivspiel mit der Schwarzlichtlampe überließ.
Als sie gemeinsam mit Oma und Franz die Blumenkästen
neu bepflanzt, fragt sie sich, ob es nicht vielleicht auch bei
Pflanzen so schöne Leuchtfarben gibt. „Tilla, kann ich
das Detektivspiel haben?“ „Du hast es mir aber geschenkt.
Außerdem habe ich gerade keine Lust, Detektiv zu spielen.“
Luisa überlegt. „Wollen wir uns Zaubertränke herstellen?
Welche, die so richtig leuchten?“ Sofort ist Tilla begeistert.
„Ja, auf alle Fälle, wir spielen Kräuterhexe und machen ganz*

© Springer-Verlag GmbH Deutschland, ein Teil von Springer
Nature 2022
M. Müller und C. Walther, *Forschend durch Haus und Garten*,
https://doi.org/10.1007/978-3-662-64664-9_3

*tolle Tränke.* " „*Na hoffentlich funktioniert das so, wie ich es mir vorgestellt habe*", *denkt Luisa, während Tilla schon eifrig dabei ist, Blüten und Blätter im Garten zu sammeln. Die werden nun alle mit Wasser übergossen und filtriert, aber nach einer Weile sind Luisa und Tilla ziemlich enttäuscht: So richtig leuchtet keine der vielen bunten Lösungen.* „*Das war wohl nichts*", *denkt sich Luisa,* „*aber naja, immerhin hatte Tilla Spaß.*" *Als die beiden in der Küche stehen und die Gläser ausgießen, nagt es aber doch etwas an ihr, dass ihre tolle Idee ein Fehlschlag war. Dann fällt ihr das Experiment mit dem roten Textmarker ein. Vielleicht funktioniert es ja doch mit den leuchtenden Pflanzenfarben …*

\* \* \*

Nachdem wir uns mit der UV-Taschenlampe auf die Suche nach fluoreszierenden Farben gemacht haben, können wir nun erkunden, ob es auch natürlich vorkommende Stoffe gibt, die im UV-Licht leuchten. Mit ein bisschen Geduld sind tatsächlich überraschend viele fluoreszierende Pflanzenfarbstoffe zu entdecken, allerdings muss man oft einen kleinen Trick anwenden.

**Frage**

**Wo finde ich natürliche fluoreszierende Farbstoffe?**

Wie schon im Experiment „Leuchtende Farben" benötigen wir eine UV-Taschenlampe, um fluoreszierende Farbstoffe zu finden. Da viele natürlich vorkommende Farbstoffe nicht besonders gut wasserlöslich sind, werden wir nicht nur Wasser, sondern auch Brennspiritus verwenden, um fluoreszierende Farbstoff-Lösungen herzustellen.

**Zum Selberforschen**

- UV-LED-Lampe
- Getrockneter Pfefferminztee im Beutel
- Grüne Blätter
- Johanniskrautblüten
- Schöllkrautwurzeln
- Cassiazimt
- Kurkumawurzel oder Curry
- Kastanienzweige
- Eschenzweige
- Mörser und Stößel
- Kleine Gläser
- Trichter
- Kaffeefilter
- Wasser
- Brennspiritus

Um fluoreszierende Farbstoffe zu finden, reicht ein Griff in den Küchenschrank: Wir nehmen zwei kleine Gläser und geben in jedes davon einen Beutel Pfefferminztee. Einen Beutel übergießen wir mit 20 ml kaltem Wasser, den andern mit 20 ml Brennspiritus. Nach etwa 5 Minuten nehmen wir die Teebeutel heraus. Die wässrige Lösung hat die übliche bräunliche Färbung von Pfefferminztee, während der Brennspiritus eine leuchtend grüne Farbe angenommen hat. Wenn wir nun beide Flüssigkeiten mit unserer UV-Lampe anleuchten, strahlt die Brennspiritus-Lösung in einem satten Rot. Diesen Versuch kannst du eigentlich mit jedem beliebigen grünen Pflanzenteil wiederholen, denn alle Pflanzen enthalten Chlorophyll, das sich leicht an seiner charakteristischen roten Fluoreszenz erkennen lässt. Da Chlorophyll allerdings schlecht wasserlöslich ist, benötigst du ein organisches Lösemittel wie z. B. Brennspiritus. Wenn du Kürbiskernöl im Haus hast, kannst du es dünn auf einem weißen

Porzellanteller verstreichen und mit der UV-Lampe anstrahlen: Das grüne Öl wird rot leuchten, da es ebenfalls Chlorophyll enthält.

Bleiben wir noch ein bisschen im Küchenschrank und nehmen uns gemahlene Kurkuma. Falls du die nicht im Haus hast, kannst du auch gelbes Currypulver verwenden, das als Hauptbestandteil Kurkuma enthält. Gib 1/2 Teelöffel (TL) Kurkuma in das Glas und füge 20 ml Brennspiritus dazu. Wenn du das Ganze durch einen Kaffeefilter laufen lässt, bekommst du eine orangegelbe Lösung, die im UV-Licht gelbgrün fluoresziert. Bei diesem Farbstoff handelt es sich um Kurkumin, das sehr schlecht wasserlöslich ist, sodass du auch hier Brennspiritus als Lösemittel benötigst. Kurkumin wurden in den letzten Jahren allerlei gesundheitsfördernde Eigenschaften zugeschrieben. Allerdings weißt du nun, dass der übermäßige Verzehr von Currypulver wohl nicht sinnvoll ist, da sich Kurkumin nicht in Wasser löst und dadurch nur schlecht vom Körper aufgenommen wird. Besser für deinen Körper verwertbar ist es in fettigen Speisen.

Unsere Suche im Gewürzschrank ist aber noch nicht zu Ende: Als Nächstes wollen wir Zimtrinde untersuchen. Hierzu müssen wir allerdings etwas genauer hinschauen, denn es gibt mehrere Zimtsorten: den feinen und etwas teureren Ceylon-Zimt sowie den günstigen Cassia-Zimt, der für unsere Zwecke besser geeignet ist. Wenn der Zimt schon gemahlen ist, kannst du genau wie beim Kurkuma 1 TL Gewürzpulver mit 20 ml Brennspiritus übergießen und danach filtrieren. Stangenzimt solltest du vorher im Mörser zerkleinern. Die Farbstoff-Lösung wird in jedem Fall eher unspektakulär gelblich-braun aussehen, zeigt jedoch im Licht der UV-Lampe eine schöne hellrote Fluoreszenz. Das liegt am Cumarin, das u. a. auch in Waldmeister enthalten ist. Es hat einen angenehm würzigen Geruch, ist jedoch in größeren Mengen gesundheitsschädlich, sodass es mittlerweile Grenzwerte für den Cumarin-Gehalt in Lebensmitteln gibt.

In der Küche sind noch mehr fluoreszierende Stoffe zu finden. So wird z. B. Riboflavin, das eine gelblich-grüne Fluoreszenz hat, als Lebensmittelfarbstoff eingesetzt. Du kannst ja mal untersuchen, ob dein Vanillepudding leuchtet …

Ehe wir die Küche verlassen, können wir noch das wohl bekannteste fluoreszierende Lebensmittel untersuchen: Tonicwater enthält Chinin, das dem Getränk nicht nur seinen typisch bitteren Geschmack verleiht, sondern auch ein strahlend blaues Leuchten, sobald es mit UV-Licht angestrahlt wird. Chinin wird aus der Rinde des Chinarindenbaums gewonnen und galt aufgrund seiner fiebersenkenden Wirkung lange Zeit als einziges Heilmittel gegen Malaria.

Wir müssen aber gar nicht bis nach Südamerika fahren, um fluoreszierende Baumrinden zu finden. Stattdessen besorgen wir uns einen Rosskastanienzweig und stellen ihn ins Wasser. Wenn du gleich danach den Lichtstrahl deiner UV-Taschenlampe darauf richtest, kannst du erkennen, wie die Bruchstelle einen hellblau fluoreszierender Pflanzensaft in das Wasser absondert. Die Rinde enthält Aesculin, das ebenfalls in den Kastanienfrüchten zu finden ist. Auch wenn die Fluoreszenzfarbe der des Chinins ähnelt, ist Aesculin chemisch eher mit dem Cumarin verwandt (siehe Abb. 3.1, 3.2 und 3.3).

Im Garten oder am Wegrand können wir weitere Pflanzen finden, die neben Chlorophyll noch andere fluoreszierende Farbstoffe enthalten. Von Mitte bis Ende Juni trägt das Johanniskraut gelbe Blüten. Du kannst sie sammeln und in ein wenig Brennspiritus geben, der sich sofort kräftig rot färbt und unter dem UV-Licht leuchtend rot fluoresziert. Johanniskraut enthält Hypericin, das

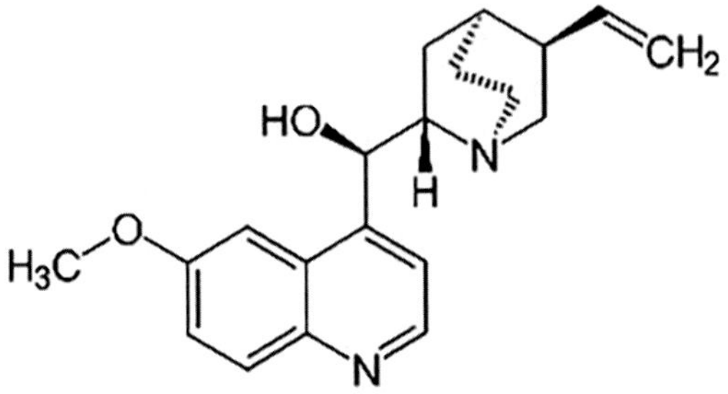

**Abb. 3.1** Chinin (NEUROtiker – Eigenes Werk, gemeinfrei, https://commons.wikimedia.org/w/index.php?curid=2051601)

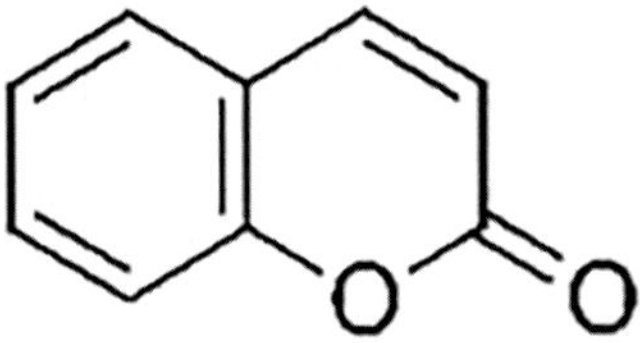

**Abb. 3.2** Cumarin (Emeldir (Diskussion) – Eigenes Werk, gemeinfrei, https://commons.wikimedia.org/w/index.php?curid=32231331)

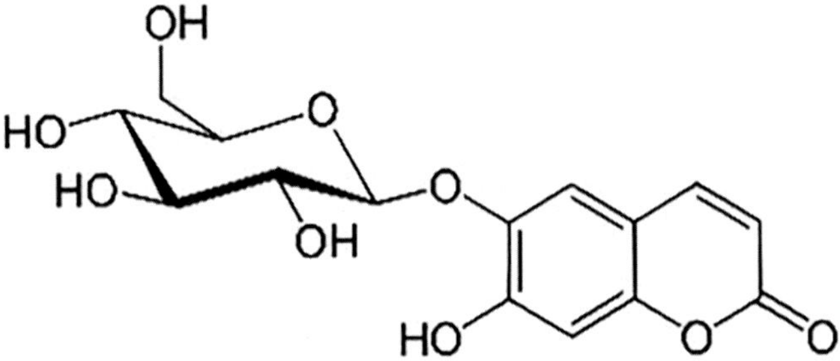

**Abb. 3.3** Aesculin (Yikrazuul – Eigenes Werk, gemeinfrei, https://commons.wikimedia.org/w/index.php?curid=6049807)

früher als Antidepressivum eingesetzt wurde. Im starken Sonnenlicht kann es allerdings zu Hautirritationen kommen, weshalb du dir nach dem Pflücken der Blüten gründlich die Hände waschen solltest.

Auch der gelbe Milchsaft des Schöllkrauts hilft uns bei der Suche nach fluoreszierenden Pflanzenfarben weiter. Grabe eine Wurzel der Pflanze aus und säubere sie gründlich. Achte darauf, dass möglichst wenig von dem Pflanzensaft an deine Finger gelangt, und trage am besten Handschuhe. Nachdem du die Wurzel gründlich zerkleinert hast, gibst du ein wenig Brennspiritus dazu und filtrierst das Ganze. Der färbende und fluoreszierende Bestandteil ist das Berberin, das auch in anderen Pflanzen vorkommt und beispielsweise als Färbemittel für Wolle oder in der Pflanzenheilkunde verwendet wird.

Natürlich kannst du auch in Pilzen, Flechten oder Mikroorganismen fluoreszierende Farbstoffe finden. Ein bekanntes Beispiel ist die Gelbflechte, die an Obstbäumen wächst. Auch hier benötigst du Brennspiritus, um den Farbstoff herauszulösen. Weitere Beispiele findest du in Tab. 3.1.

*  *  *

*„Papa, können wir am Wochenende Hähnchencurry machen?", fragt Luisa. „Ich helfe auch beim Würzen." „Hmm, seit wann magst du denn indisches Essen?" „Ach, eigentlich bin ich immer noch kein großer Fan, aber ich kaufe noch Tonicwater und dann gibt es eine Überraschung für euch …"*

**Und nun noch einmal ganz genau …**
In Bakterien, Pflanzen, Pilzen und Tieren ist eine Vielzahl fluoreszierender Farbstoffe zu finden, die sich mit handelsüblichen längerwelligen UV-Lampen gut erkennen lassen.

**Tab. 3.1** Fluoreszierende Naturstoffe

| Ausgangsstoff | Lösemittel | Fluoreszierender Farbstoff |
|---|---|---|
| Grüne Pflanzen | Brennspiritus | Chlorophyll |
| Kurkuma | Brennspiritus | Kurkumin |
| Cassia-Zimt | Brennspiritus | Cumarin |
| Vanillepudding, Lebensmittelfarbstoff E101 | Wasser oder Brennspiritus | Riboflavin |
| Rosskastanie (Rinde und Samen) | Wasser | Aesculin |
| Johanniskraut (Blüten) | Brennspiritus | Hypericin |
| Schöllkraut | Brennspiritus | Berberin |
| Gelbflechte | Brennspiritus | Parietin |
| Schillerporling | Wasser oder Brennspiritus | Hispidin |
| Spirulinapulver | Wasser | Phycocyanin |

Meist müssen die Farbstoffe zuvor extrahiert werden. Da viele Pflanzenstoffe schlecht wasserlöslich sind, ist Brennspiritus in vielen Fällen ein geeignetes Lösungsmittel.

Proteine fluoreszieren ebenfalls, dies macht man sich bei der Suche nach Blut- oder Urinspuren zunutze. Allerdings sind hierfür spezielle UV-Lampen mit energiereicherer Strahlung nötig. Eine Ausnahme ist das Phycocyanin, das in einigen Cyanobakterien vorkommt und durch gelbes Licht zu einer roten Fluoreszenz angeregt wird. Phycocyanin ist z. B. in dem als Nahrungsergänzungsmittel vertriebenen „Spirulinapulver" enthalten und als blauer Lebensmittelfarbstoff zugelassen.

### Zum Weiterforschen

- Untersuche weitere Blüten und Wurzeln, indem du deren Pflanzenfarben mit Brennspiritus herauslöst.

- In welchen Pflanzen findest du fluoreszierende Farbstoffe? In welcher Farbe fluoreszieren sie? Dokumentiere deine Ergebnisse.
- Neben verschiedenen Pflanzen kannst du Pilze oder Flechten untersuchen.

## 3.2 Wasserfass

*Opa Manfred und Oma Erika sind zu Besuch und inspizieren den Garten. Vor allem Oma hilft gern bei der Gartenarbeit und steht mit Rat und Tat zur Seite. Opa fällt sofort das Wasserfass auf. „Kinder, das geht so nicht, das läuft doch ständig über. Hier, der ganze Boden ist schon aufgeweicht und das Fass unterspült." Papa versichert, dass er extra ein 64-Liter-Fass aufgestellt habe. „Es konnte doch keiner ahnen, dass es so viel regnet." „Manfred," sagt Oma, „du musst dich der Sache wohl mal annehmen." „Dem Ingenieur ist …" „Manfred", unterbricht ihn Oma, „keine Ingenieurssprüche. Überleg einfach, wie das Wasser ins Fass laufen müsste, ohne dass es überläuft." Opa schmunzelt und beschließt, Oma genau beim Wort zu nehmen.*

$$* * *$$

### Frage

**Wie kann ein Wasserfass mit 64 l Fassungsvermögen mit unendlich vielen Wassermengen befüllt werden, ohne dass es überläuft?**

In der Tat kann man sich verschiedene Befüllvorgänge vorstellen und vergleichen. Würde jeden Tag 1 l Wasser ins Fass fließen, würde das Fass am 65. Tag überlaufen. Man müsste es also mit kleineren Mengen probieren, aber nicht nur das, die Mengen sollten sich auch schrittweise verringern. So könnte man z. B. annehmen, dass am ersten Tag 10 l, am zweiten Tag 5 l, am dritten Tag ein 3 1/3 l, am vierten Tag 2½ l und so weiter in das Fass laufen. An dieser Stelle müssen einige Summanden addiert werden, so dass eine Tabellenkalkulation zum Einsatz kommen kann. Man erhält das interessante Ergebnis:

$$10 + 5 + {}^{10}\!/_3 + {}^{10}\!/_4 + 2 + {}^{10}\!/_5 + {}^{10}\!/_6 + {}^{10}\!/_8 + {}^{10}\!/_9 + 1 + {}^{10}\!/_{11} + \cdots$$
$$+ {}^{10}\!/_{338} \approx 64{,}02$$

Das bedeutet: Am 338. Tag würde das Fass überlaufen. Selbst wenn man anstelle der 10 l mit 1 l beginnt, würde das Fass irgendwann überlaufen. Dies ist eine Veranschaulichung zur Divergenz der harmonischen Reihe, wie man es etwas mathematischer ausdrücken würde.

Doch es gibt auch andere Reihen, die betrachtet werden können. Die Summanden könnten ja noch schneller noch kleiner werden. Stellen wir uns vor, wir befüllen das Fass am ersten Tag mit 32 l, am zweiten Tag mit 16 l, am dritten Tag mit 8 l, am vierten Tag mit 4 l und so weiter. Nach 338 Tagen wären wir dann immer noch unter 64 l:

$$32 + 16 + 8 + 4 + 2 + 1 + {}^{1}\!/_2 + {}^{1}\!/_4 + {}^{1}\!/_8 + {}^{1}\!/_{16} + {}^{1}\!/_{32} + \cdots + {}^{1}\!/_{2^{332}} < 64$$

Zugegebenermaßen ist man sehr nahe an der 64, aber man liegt eben noch knapp darunter, und das wird an den folgenden Tagen auch so bleiben. Das Interessante ist, dass, obwohl wir am ersten Tag mit einer verhältnismäßig großen Wassermenge beginnen (32 l), sich diese in den folgenden Tagen immer schneller verringert. Die Grundidee wird durch das Ausklammern der 32 aus der letzten Formel deutlich. Die Argumentation kann so eventuell besser nachvollzogen werden und ist auf andere

Startwerte übertragbar. Der Befüllvorgang kann daher ver-
einfacht und erprobt werden.

**Zum Selberforschen**

Markiert an einem beliebigen Gefäß den Füllstand bei 2
l Füllmenge. Das (leere) Gefäß wird wie folgt befüllt: Im
ersten Schritt wird 1 l hinzugeben, im zweiten Schritt ½
l, im dritten Schritt ein ¼ l usw. Führe den Vorgang für
mindestens zehn Schritte durch und notiere die jeweiligen
Füllstände.

Der in der Durchführung erläuterte Befüllvorgang kann
mathematisch durch die folgende Summe modelliert
werden:

$$1 + \frac{1}{2} + \frac{1}{4} + \frac{1}{8} + \frac{1}{16} + \frac{1}{32} + \frac{1}{64} + \frac{1}{128} + \ldots$$

Betrachtet wird dabei zunächst eine unendliche Summe,
da im Vorfeld nicht bekannt ist, ob und wenn ja, ab
welchem Füllschritt das Gefäß zum Überlaufen gebracht
wird. Es ist klar, dass in jedem Schritt die Füllmenge
halbiert wird. Der Nachfolger der Reihe geht durch Multi-
plikation um den Faktor ½ aus dem Vorgänger hervor.

Diese unendliche Summe ist ein Beispiel für eine
sogenannte geometrische Reihe, denn jeder Summand
entspricht einer Potenz von ½:

$$1 + \frac{1}{2} + \left(\frac{1}{2}\right)^2 + \left(\frac{1}{2}\right)^3 + \left(\frac{1}{2}\right)^4 + \left(\frac{1}{2}\right)^5 + \left(\frac{1}{2}\right)^6 + \left(\frac{1}{2}\right)^7 + \ldots$$

Es wird ersichtlich, dass diese unendliche Summe tatsächlich eine geometrische Reihe darstellt. Eine geometrische
Reihe ist eine spezielle Reihe, bei der der Quotient $q$
zwischen den aufeinanderfolgenden Summanden immer
konstant ist. Für die betrachtete Reihe ist $q = \frac{1}{2}$ und stellt
den Quotienten zwischen den Summanden dar.

Dieser Wert veranschaulicht in Bezug auf den beschriebenen Befüllprozess, dass immer die Hälfte der zuvor zugegebenen Wassermenge hinzufügt wird. Um diese Summe auszurechen, schauen wir uns zunächst nur einen Teil der Summanden an und erweitern zielgerichtet den Faktor ½.

$$1 \cdot \left( 1 + \frac{1}{2} + \left(\frac{1}{2}\right)^2 + \ldots + \left(\frac{1}{2}\right)^n \right) = \frac{\left(1 - \frac{1}{2}\right)}{\left(1 - \frac{1}{2}\right)}$$

$$\cdot \left( 1 + \frac{1}{2} + \left(\frac{1}{2}\right)^2 + \ldots + \left(\frac{1}{2}\right)^n \right)$$

Multiplizieren wir den Zähler aus, können wir einige Summanden subtrahieren:

$$\frac{1}{\left(1 - \frac{1}{2}\right)} \cdot \left( 1 + \frac{1}{2} + \left(\frac{1}{2}\right)^2 + \ldots + \left(\frac{1}{2}\right)^n \right.$$

$$\left. - \frac{1}{2}\left( 1 + \frac{1}{2} + \left(\frac{1}{2}\right)^2 + \ldots + \left(\frac{1}{2}\right)^n \right) \right)$$

$$= \frac{1}{\left(1 - \frac{1}{2}\right)} \cdot \left( 1 + \frac{1}{2} + \left(\frac{1}{2}\right)^2 + \ldots + \left(\frac{1}{2}\right)^n \right.$$

$$\left. - \frac{1}{2} - \left(\frac{1}{2}\right)^2 - \ldots - \left(\frac{1}{2}\right)^{n-1} \right)$$

$$= \frac{1}{\left(1 - \frac{1}{2}\right)} \cdot \left( 1 + \left(\frac{1}{2}\right)^n \right) = \frac{1 + \left(\frac{1}{2}\right)^n}{1 - \frac{1}{2}}$$

Das ist ein tolles Ergebnis, denn wir können jetzt nicht nur Teilsummen für $n$ Summanden schnell bestimmen, sondern sogar die Summe aller Summanden berechnen, wenn wir $n$ gegen unendlich betrachten. Wenn $n$ immer größer wird, dann werden die Potenzen von ½ immer kleiner und gehen gegen null. Das bedeutet: Für $n$ gegen unendlich können wir die Potenzen von ½ im Zähler vernachlässigen. Es ergibt sich also die Summe:

$$1 + \frac{1}{2} + \left(\frac{1}{2}\right)^2 + \left(\frac{1}{2}\right)^3 + \left(\frac{1}{2}\right)^4 + \left(\frac{1}{2}\right)^5 + \left(\frac{1}{2}\right)^6$$
$$+ \left(\frac{1}{2}\right)^7 + \ldots = \frac{1}{\left(1 - \frac{1}{2}\right)} = 2$$

Auch ohne Zuhilfenahme der Betrachtung als geometrische Reihe kann 2 als Lösung der Summe ermittelt werden. Bereits der Universalgelehrte Archimedes von Syrakus soll den folgenden Beweis im 3. Jahrhundert v. Chr. beschrieben haben.

1. Die Summe $S$ kann nicht größer als 2 sein, denn wenn endlich viele Summanden addiert werden, ist die Summe immer kleiner als 2.
   Um diesen Sachverhalt zu veranschaulichen, kann bestimmt werden, wie viel man zu einer bestimmten Menge hinzuaddieren müsste, um als Summe das Ergebnis 2 zu erhalten. Beginnt man mit 1, dann muss 1 hinzuaddiert werden, um 2 zu erhalten. Addiert man hingegen nur ½ hinzu, so erhält man 1½. Nun müsste wiederum ½ zur Summe hinzugefügt werden, um als Ergebnis 2 zu erhalten, jedoch wird ¼ hinzuaddiert. Dieser Gedankengang kann beliebig fortgesetzt werden und zeigt, dass endlich viele Summanden immer ein Ergebnis liefern, das kleiner als 2 ist.

2. Die Summe $S$ kann ebenfalls nicht kleiner als 2 sein. Nach dem gerade beschriebenen Gedankengang fehlt, um die Summe zu 2 zu vervollständigen, immer der Betrag, der zuletzt hinzuaddiert wurde. Somit gilt für jede Zahl $n \in \mathbb{N}$:

$$2 - S < 2 - \left(1 + \frac{1}{2} + \frac{1}{4} + \frac{1}{8} + \ldots + \frac{1}{2^n}\right) = \frac{1}{2^n}$$

Somit ist $2 - S < \frac{1}{2^n}$. Das Umstellen der Ungleichung liefert $S > 2 - \frac{1}{2^n}$, woraus ersichtlich ist, dass die Summe nie kleiner als 2 sein wird.

Da die Summe nicht größer und auch nicht kleiner als 2 ist, kann daraus geschlussfolgert werden, dass die Summe gleich 2 sein muss.

Doch welche Erkenntnis liefert das Ergebnis der unendlichen Summe für unser Experiment? Nach endlich vielen Schritten des Befüllvorgangs werden wir immer unterhalb der 2-Liter-Markierung bleiben. Das bedeutet, mit jedem weiteren Füllschritt nähert man sich dem Maximalvolumen des Gefäßes, doch man schafft es nie in endlich vielen Schritten, dass das Gefäß zum Überlaufen gebracht wird. Mathematisch ausgedrückt entspricht dieser Sachverhalt nichts anderem als einer Näherung an den Grenzwert der Reihe.

Anhand der obigen Formel für die Teilsummen oder unter Zuhilfenahme einer Tabellenkalkulationssoftware kann vermutet werden, dass es bei dem beschriebenen Befüllvorgang zu keinem Überlaufen des 2-Liter-Gefäßes kommen kann:

Für die ersten elf Summanden (von 0 bis 10) ergibt sich demnach eine Summe von ca. 1,999023. Addiert man weitere fünf Summanden (0 bis 15), wächst die Summe auf 1,9999695. Ein weiteres Summieren um die nächsten zehn Summanden (0 bis 25) ergibt eine Summe von 1,99999997.

Die Betrachtung des beschriebenen Beweises liefert zudem die Gewissheit, dass zum einen eine endliche Teilsumme der Reihe niemals größer als 2 sein kann, und zum anderen, dass die unendliche Summe genau 2 entspricht. Also wird das Gefäß niemals überlaufen, auch wenn es unendlich oft befüllt wird. Das ist schon ein besonderer Befüllvorgang. Die Überlegungen können auf andere Faktoren (bzw. Quotienten) wie z. B. 1/3, ¼ usw. übertragen werden. Es gibt also sehr viele Befüllvorgänge, auf die diese Eigenschaft zutrifft.

$$* \ * \ *$$

*Als Opa Manfred Oma Erika stolz von seinen Entdeckungen berichtet, erwidert diese nur trocken, dass ein Überlaufrohr an der Wassertonne seinen Zweck sicher auch erfüllen würde.*

## 3.3 Das neue Beet

*„Dass wir das jetzt tatsächlich mal geschafft haben: ein Ausflug mit der ganzen Familie." „Ja, dabei sollten wir uns eigentlich um den Garten kümmern. Wir müssten noch ein Beet anlegen." „Ach komm, der Garten läuft nicht weg, nächstes Wochenende machen wir alle einen Arbeitseinsatz." Opa, Mama und Papa sitzen auf der Bank im Schlossgarten und schauen entspannt zu, wie Oma und Tilla an den Blumenbeeten entlangschlendern und die verschiedenen Pflanzen betrachten. Franz und Luisa hocken auf der Wiese, den Kopf über einen Schulhefter gebeugt. „Merkmale der barocken Gartenarchitektur" Luisa kichert, als sie Franz' Hausaufgabe liest. „Schnörkel? Kringel? Dicke nackte Statuen?" „Hör bloß auf. Immerhin bin ich froh, dass ich mir das hier direkt anschauen kann. Wobei ich mich schon frage, wie sie damals die Beete angelegt haben. Mit den ganzen Biegungen und dann auch noch so exakt und symmetrisch!"*

*Eine Woche später steht die komplette Familie im Garten und diskutiert, wie das neue Beet aussehen soll. „Die Ecke wird auf alle Fälle im Schatten liegen." „Mit dem Rasenmäher kommt man hier sonst nicht lang." „Zu dicht an der Mauer ist aber auch blöd." „Wieso muss das Beet eigentlich eckig sein?" Erstaunt schauen alle auf Franz. „Wir könnten doch auch mal ein rundes Beet machen … oder ein ovales." Mamas Augen fangen sofort an zu leuchten: „Franz, das ist doch mal eine geniale Idee. Ein ovales Beet sähe hier richtig schön aus und wir könnten auch noch gut drumherum mähen." Oma runzelt die Stirn: „Ein ovales Beet, wie soll das denn gehen?" Mama zwinkert Franz zu: „Das bekommen wir schon hin. Ich denke, du hast in deiner Hausaufgabe tatsächlich mal was Sinnvolles gelernt."*

∗ ∗ ∗

Das Wort Geometrie kommt aus dem Griechischen und bedeutet wörtlich „Erdmessung". Seit Menschen sesshaft wurden und Landwirtschaft betrieben, Häuser gebaut oder ein Feld vermessen haben: Immer waren geometrische Konstruktionen die Grundlage – und das lange bevor es Papier und Bleistift gab.

**Frage**

**Wie kann man mit einfachen Hilfsmitteln geometrische Formen konstruieren?**

Um dich auf die Spuren der antiken Landvermesser zu begeben, benötigst du nichts weiter als eine Schnur und ein paar Holzpflöcke. Damit deine Konstruktionen gut sichtbar sind, kannst du sie entweder auf eine große Sandfläche zeichnen oder mit Kreide auf eine ebene Asphalt- oder Pflasterfläche malen. Am besten funktioniert das zu zweit.

**Zum Selberforschen**

- Lange Schnur (20 m)
- 4 Holzpflöcke
- Holzstab
- Straßenmalkreide

Die einfachste Form, die wir mit einer Schnur konstruieren können, ist der Kreis. Wir verknoten dazu unser Seil zu einer Schlinge und legen diese um einen Holzpflock. Der markiert den Mittelpunkt unseres runden Blumenbeetes. Mit einem Stück Kreide oder einem weiteren Holzpflock können wir nun einen Kreis zeichnen (siehe Abb. 3.4), also alle Punkte markieren, die genau eine halbe Seillänge vom Mittelpunkt entfernt liegen.

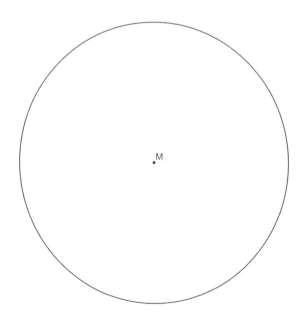

**Abb. 3.4**  Kreis

B1                              B2          B1                              B2    E1

**Abb. 3.5** Um die zwei Brennpunkte der Ellipse (links) wird eine Seilschlaufe gelegt und straff gezogen (rechts)

Um, wie Franz es vorgeschlagen hat, ein elliptisches Beet anzulegen, benötigen wir nicht nur einen Holzpflock, mit dem wir den Mittelpunkt markieren, sondern zwei (siehe Abb. 3.5, links). Diese beiden Punkte werden „Brennpunkte" genannt und um sie legen wir nun unsere Seilschlinge (siehe Abb. 3.5, rechts). Dabei muss die Seilschlinge größer sein als der Abstand der Holzpflöcke. Mit einem dritten Holzpflock oder unserer Straßenkreide ziehen wir die Seilschlinge straff und umkreisen beide Pflöcke, wobei wir darauf achten müssen, dass die Seilschlinge am äußeren Holzpflock gut entlanggleiten kann (siehe Abb. 3.6). Betrachtet man die Spur des dritten Pflocks oder der Kreide, ergibt sich das Bild einer Ellipse (siehe Abb. 3.7).

Wie beim Kreis auch bleibt die Länge der Seilschlinge immer gleich, allerdings ändert sich – anders als beim

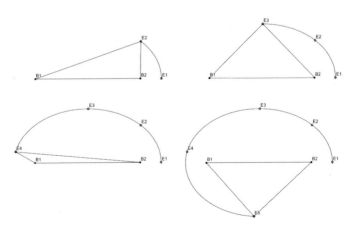

**Abb. 3.6** Die Seilschlaufe wird um die Brennpunkte bewegt

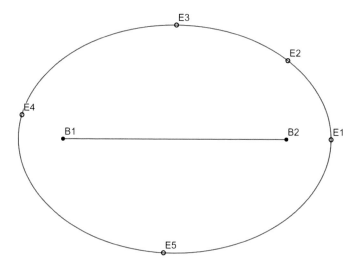

**Abb. 3.7**  Fertige Ellipse

Kreis – der Abstand zwischen dem äußeren Holzpflock und den Brennpunkten. Je nachdem, wie weit die beiden Brennpunkte voneinander entfernt sind und wie lang im Vergleich dazu unser Seil ist, wird unser Beet mehr oder weniger „eiförmig". Du kannst die Länge der Seilschlaufe oder den Abstand der Brennpunkte verändern, bis du eine Form gefunden hast, die dir gefällt.

Vielleicht möchtest du aber nicht nur runde Beete, sondern auch einen Gemüseacker mit gleichmäßig auf-geteilten Rechteckflächen anlegen. Hierfür ist es unerläss-lich, dass du einen rechten Winkel möglichst exakt konstruieren kannst. Auch hierbei helfen uns eine Schnur und ein paar Holzpflöcke weiter. Du teilst die Schnur mit Knoten in zwölf gleich lange Abschnitte – als Maß kannst du deine Elle oder einen Holzstock oder auch ein Metermaß verwenden –, wobei wichtig ist, dass alle Knoten den gleichen Abstand haben (siehe Abb. 3.8, links).

**Abb. 3.8** Aus einer Schnur mit 13 Knoten wird ein rechtwinkliges Dreieck gelegt

Nun legst du die Schnur zu einem Dreieck, wobei die
Seitenlängen 3, 4 bzw. 5 Knoten betragen (siehe Abb. 3.8,
rechts). Zwischen den beiden kurzen Seiten liegt ein
rechter Winkel, mit dem du nun die Form deines Beetes
genau festlegen kannst.

Dieser „Trick" ist seit der Antike bekannt und eine
geläufige Anwendung des Satzes des Pythagoras. Dieser
grundlegende Satz war schon lange vor Lebzeiten des
griechischen Gelehrten bekannt und beschreibt den
Zusammenhang zwischen den Flächenquadraten in einem
rechtwinkligen Dreieck: In einem rechtwinkligen Dreieck sind die Quadrate über den beiden kurzen Seiten
zusammen genauso groß wie das Quadrat über der langen
Seite (siehe Abb. 3.9).

Wenn wir nun die Maße unserer Knotenschnur
betrachten, so stellen wir fest, dass sie genau passend für
die Konstruktion eines rechten Winkels gewählt sind:

$$3*3 + 4*4 = 5*5$$

Diese drei Zahlen werden auch „pythagoräisches Zahlentripel" genannt, obwohl sie bereits auf babylonischen Ton-
tafeln verewigt wurden. Es gibt noch mehr dieser Tripel,
mit denen sich auf einfache Weise rechtwinklige Dreiecke
erstellen lassen – mit einer einfachen Überlegung findest
du viele weitere.

\* \* \*

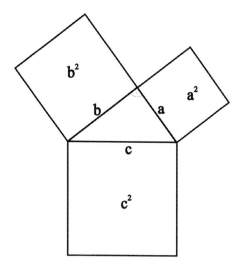

**Abb. 3.9** Die Seitenquadrate in einem rechtwinkligen Dreieck

*Nach zwei Stunden sind Franz und Mama ganz verschwitzt und dreckverschmiert. Oma und Luisa haben schon die ersten Pflanzen ins Beet gesetzt und Papa bringt selbst gemachte Limonade für alle. „Ich will auch ein besonderes Beet!", ruft Tilla. „Ein fünfeckiges oder ein siebzehneckiges oder eines, das wie ein Mond aussieht."*

**Und nun noch einmal ganz genau …**
Mit einer Seilschlaufe ist die Konstruktion eines Kreises denkbar einfach: Alle so markierten Punkte befinden sich nämlich in gleicher Entfernung zu einem vorher fest-gelegten Mittelpunkt. Der Radius des Kreises wird durch die Länge der Seilschlaufe festgelegt. Mathematisch wird ein Kreis mit der Formel $x^2 + y^2 = r$ beschrieben, wobei $r$ der Radius des Kreises ist.

Die Ellipse hat nicht nur einen Mittelpunkt, sondern zwei Brennpunkte und besteht aus allen Punkten, deren Summe der Entfernungen von den zwei Brennpunkten

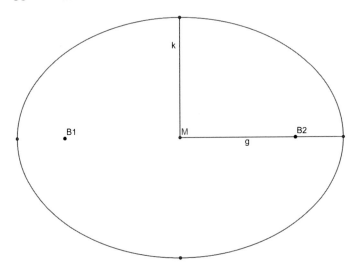

**Abb. 3.10** Ellipse mit Brennpunkten *B1* und *B2*, Mittelpunkt *M*, großer Halbachse *g* und kleiner Halbachse *k*

gleich ist. Im Gegensatz zum Kreis, bei dem alle Punkte den gleichen Abstand zum Mittelpunkt haben, sind bei der Ellipse die Punkte unterschiedlich weit vom Mittelpunkt entfernt: Der kleinste Abstand wird kleine Halbachse *k* genannt, der größte Abstand große Halbachse *g* (siehe Abb. 3.10).

Mathematisch lässt sich eine Ellipse mit der Formel $\frac{x^2}{g^2} + \frac{y^2}{k^2} = 1$ beschreiben. Hier wird schnell ersichtlich, dass der Kreis eine Sonderform der Ellipse ist, bei der *g* gleich *k* gleich *r* ist.

Die Konstruktion des rechten Winkels gelingt mithilfe eines pythagoräischen Zahlentripels. Dies sind Zahlen, die die Bedingung $a^2 + b^2 = c^2$ erfüllen. Die Werte von *a*, *b* und *c* entsprechen dabei den Seitenlängen in einem rechtwinkligen Dreieck.

> **Zum Weiterforschen**
>
> - Konstruiere verschiedene Ellipsen, indem du die Länge der Seilschlinge variierst. Wie verändert sich die Form, wenn die Seilschlinge sehr viel länger ist als der Abstand der Brennpunkte? Wie groß muss die Seilschlinge im Verhältnis zum Abstand der Brennpunkte sein, damit die Ellipse möglichst „plattgedrückt" ist?
> - Finde weitere Zahlentripel für die Gleichung $a^2 + b^2 = c^2$.

# 3.4 So viele Farben

*Die Blumenrabatte neben dem Hauseingang ist Oma Erikas ganzer Stolz. Das ganze Jahr wachsen und blühen dort verschiedene Blumen, aber im Mai und Juni ist es wirklich am schönsten: Pfingstrosen, Akeleien, Kornblumen, Lupinen und Lilien blühen um die Wette. Auch Tilla ist immer ganz begeistert über die vielen verschiedenen Farben, die im Blumenbeet leuchten, und arbeitet gern mit Oma im Garten. „Ach schade", sagt Tilla, „dass man diese ganzen schönen Farben nicht behalten kann. Auf meinen Blumenbildern sieht das immer ganz anders und nie wirklich echt aus." „Weißt du, früher hat man Pflanzen zum Färben verwendet", erklärt Oma, als sie gerade die Quecke aus dem Bett zupft. „Vielleicht kann man ja auch mit Pflanzen Bilder malen." Luisa, die beim Jäten helfen soll, murmelt leise: „Das wäre auf alle Fälle besser, als hier das blöde Unkraut auszurupfen." „Passt auf", schlägt Oma Erika vor, „wir können ja mal versuchen, selber Pflanzenfarben herzustellen. Aber vorher wird das Beet schön gemacht."*

* * *

Alle Pflanzen enthalten den grünen Farbstoff Chlorophyll. Darüber hinaus finden sich in Blüten, Früchten, Blättern und Wurzeln viele weitere Farben. Wasserlösliche Farbstoffe können gut aus Pflanzen gewonnen werden, sodass wir mit einfachen Mitteln Pflanzenfarbstoff-Lösungen herstellen können.

**Frage**

**Wie kann ich selbst Pflanzenfarben herstellen?**

Um die Farben aus den Pflanzen herauszulösen, musst du deren Zellen zerstören. Das funktioniert zum einen mechanisch, indem du die Pflanzen klein schneidest, raspelst oder im Mörser zerreibst. Durch das heiße Wasser werden die Zellwände beschädigt und der Farbstoff im Wasser gelöst. Es gibt aber auch Pflanzenfarben, die schlecht wasserlöslich sind. Hier musst du Öl oder Brennspiritus verwenden, um die Farben herauszulösen.

**Zum Selberforschen**

- Küchenmaschine oder Handreibe, Messer, Brettchen
- Mörser und Stößel
- Trichter, Filtertüten
- Wasserkocher
- Glasflaschen oder hohe Gläser (0,2 l)
- Pinsel, Papier
- Kleine Gläser
- Farbige Blüten, Blätter, Früchte oder Wurzeln, möglichst frisch, je nach Saison
- Wasser
- Farbloses Öl
- Brennspiritus

Zerkleinere eine Handvoll Früchte, Blätter, Blüten oder Wurzeln mit einem Messer oder einer Schere. Gib die Pflanzenteile danach in einen Mörser und zerreibe sie. Bei wasserreichen Früchten wie z. B. Paprika oder Beeren kannst du diese Lösung schon filtrieren. Bei Blättern oder Blüten gibst du etwa 50 ml kochendes Wasser dazu und zerreibst alles zu einem Brei, den du anschließend abkühlen lässt. Danach kannst du das Gemisch filtrieren und erhältst eine farbige Flüssigkeit, mit der du malen kannst. Verwende dazu nur wenig zusätzliches Wasser und tupfe den Pinsel jedes Mal trocken, bevor du ihn in die Farbstoff-Lösung tauchst.

Bevor wir unsere Pflanzenfarben herstellen können, müssen wir natürlich erst einmal geeignete Pflanzenteile finden (siehe Tab. 3.2).

Im Garten, am Wegrand oder auf der Wiese finden wir farbige Blüten. Wenn du sie sammeln möchtest, achte jedoch darauf, dass die Pflanzen nicht unter Naturschutz stehen. Du kannst farbige Blüten auch kaufen: Losen Früchtetees werden oftmals Hibiskusblüten zugesetzt, um dem Tee eine schöne rote Farbe zu verleihen. Du kannst

**Tab. 3.2**  Farbige Pflanzenteile

| | |
|---|---|
| Blüten | Raps |
| | Pfingstrose |
| | Kornblume |
| | Hibiskus |
| | Malve |
| | Tagetes |
| | Ringelblume |
| Blätter | Rotkohl |
| | Blutbuche |
| | Blutahorn |
| | Berberitze |
| Früchte | Kirschen |
| | Heidelbeeren |
| | Schwarze Johannisbeeren |
| | Holunder |
| | Kürbis |
| | Paprika |
| Wurzeln | Rote Bete |
| | Möhren |

die Blüten heraussammeln und damit deine Malfarbe herstellen. Wenn du sowieso im Supermarkt bist, solltest du in der Gemüseabteilung schauen, welche verschiedenen Farben du entdecken kannst. Probiere doch mal aus, welche Farbstoff-Lösungen du aus Roter Bete, Paprika oder Rotkohl herstellen kannst.

Außer Rotkohl gibt es noch weitere Pflanzen, die keine grünen, sondern rote oder violette Blätter haben. Blutbuche, Blutahorn, Berberitzen oder rote Haslesträucher enthalten wie alle Pflanzen in ihren Blättern den grünen Farbstoff Chlorophyll. Er wird aber überdeckt von Anthocyan-Farbstoffen (siehe Abb. 3.11), die die Pflanzen vor zu viel Licht schützen und ihnen eine eindrucksvolle dunkelrote Färbung verleihen. Diese wasserlöslichen Farbstoffe sind besonders gut für die Herstellung von kräftig gefärbten Lösungen geeignet.

Anthocyan-Farbstoffe finden sich auch in vielen Früchten: Aus schwarzen Johannisbeeren oder Holunderbeeren lassen sich aufgrund des hohen Gehaltes sehr intensive Farben gewinnen, aber auch Kirschen,

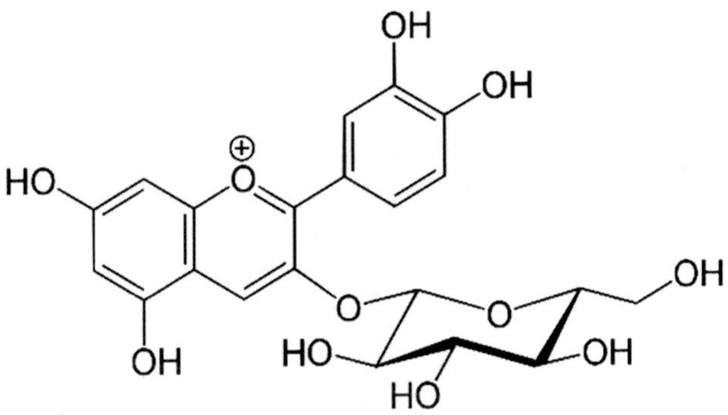

**Abb. 3.11** Farbgebender Bestandteil der Anthocyan-Farbstoffe (Yikrazuul – Eigenes Werk, gemeinfrei, https://commons. wikimedia.org/w/index.php?curid=7254978)

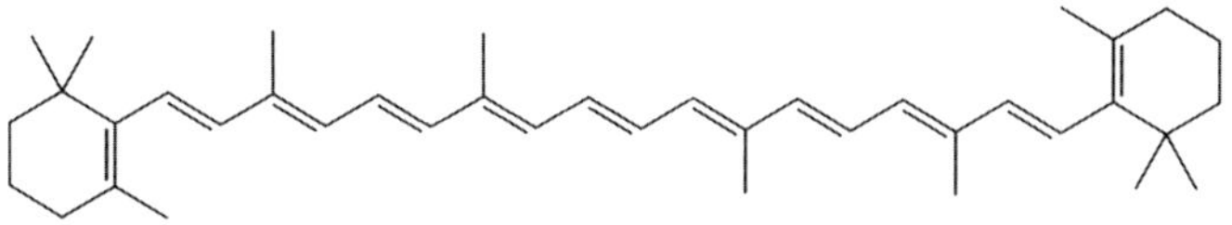

**Abb. 3.12** Beta-Carotin, der Namensgeber der Carotinoide (NEUROtiker – Eigenes Werk, gemeinfrei, https://commons.wikimedia.org/w/index.php?curid=2330317)

**Tab. 3.3** Löslichkeit der Pflanzenfarben

| Pflanze/Pflanzenteil | Farbe | Löslich in |
|---|---|---|
| Rotkohl/Blatt | Violett | Wasser |
| Hibiskus/Blüte | Rot | Wasser |
| Möhre/Wurzel | Orange | Öl |
| Holunder/Frucht | Violett | Wasser |
| … | | |

Brombeeren oder dunkle Weintrauben sind geeignet. Die blau-violetten Blüten von Kornblumen oder Gartenhortensien erhalten ihre Farbe ebenfalls von Anthocyan-Farbstoffen.

Eine andere wichtige Pflanzenfarbstoffgruppe sind die orange-gelben Carotinoide (siehe Abb. 3.12), die ebenfalls in Blüten, Früchten, Blättern und Wurzeln zu finden sind. Sie sind allerdings schlecht wasserlöslich, sodass du Öl oder Brennspiritus benötigst, um eine Farbstoff-Lösung herzustellen.

Um das zu überprüfen, verteilen wir die zerkleinerten Pflanzenteile auf drei Gläser und geben je 20 ml Wasser, farbloses Speiseöl oder Brennspiritus hinzu. Nun können wir schauen, welche Lösung sich am stärksten färbt. Neben verschiedenen gelben Blüten kannst du auch Möhren oder Kürbisse testen. Wie in Tab. 3.3 gezeigt,

kannst du dokumentieren, ob die Farbstoffe eher wasser-
oder fettlöslich sind.

\* \* \*

*Luisa mag sich gar nicht von den vielen farbigen Flüssig-*
*keiten trennen, aber nach zwei Tagen will Papa dann doch*
*mal Ordnung in der Küche haben. Bloß gut, dass Tilla viele*
*Pflanzenfarbenbilder gemalt hat. „Das ist alles mit echten*
*Blumen gemacht!", erzählt sie ganz stolz. Oma schmunzelt.*
*„Und das Beste ist, die Farben wachsen immer wieder nach."*

### Und nun noch einmal ganz genau ...

Neben Chlorophyll enthalten fast alle Pflanzen weitere
Farbstoffe, die wichtige biologische Funktionen erfüllen:
In Blüten locken die blau-violetten Anthocyane oder die
gelb-orangen Carotinoide Insekten zur Bestäubung an.
In Blättern schützen sie die Pflanzen vor zu hoher UV-
Strahlung. Während die polaren Anthocyan-Farbstoffe
meist gut wasserlöslich sind, muss für die unpolaren
Carotinoide ein unpolares Lösemittel verwendet werden.

Ein Blick auf die Struktur der beiden Moleküle (siehe
Abb. 3.11 und 3.12) zeigt auf den ersten Blick wenig Ähn-
lichkeiten. Bei genauerem Hinsehen erkennen wir jedoch
eine Eigenschaft, die alle Farbstoffe gemeinsam haben:
In beiden Molekülen ist zu erkennen, dass sich jeweils
Einfach- und Doppelbindungen abwechseln. (In den
Abbildungen der Moleküle werden chemische Bindungen
durch Linien dargestellt.) Diese Strukturen sind in fast
allen farbigen Verbindungen zu finden. Es gibt aber auch
Unterschiede: Beta-Carotin besteht nur aus Kohlenstoff-
und Wasserstoffatomen, sodass das Molekül unpolar ist
und sich daher auch nur in unpolaren Flüssigkeiten wie
Öl löst. Anthocyane enthalten neben Kohlenstoff- und
Wasserstoff- auch Sauerstoffatome, die zu einer Verschiebung der Bindungen führen und das Molekül polar

machen. Daher lösen sich Anthocyan-Farbstoffe gut in Wasser, das ein sehr polares Lösemittel ist.

---

**Zum Weiterforschen**

- Suche weitere farbige Pflanzenteile und teste, ob sich die Farben eher in Wasser oder eher in Öl lösen. Du kannst Gewürze, Tees oder getrocknete Früchte und Kräuter testen.
- Dokumentiere deine Ergebnisse.
- Neben verschiedenen Pflanzen kannst du auch Pilze oder Flechten untersuchen.

---

# Literatur

Breitsprecher, L., & Müller, M. (2020). Experiment 10: Bringt das Fass zum Überlaufen! In L. Breitsprecher & M. Müller (Hrsg.), *Mathe.Schülerforscherguide* (S. 73–80). C. C. Buchner.

# 4

## Küche

Forschungsspaziergänge zu Hause – Alltägliche
mathematische und naturwissenschaftliche Entdeckungen

## 4.1 Noch mehr Farben

*Rot, violett, blau, orangefarben, gelb: Der ganze Küchen-
tisch steht schon voller bunter Gefäße, aber Luisa hat noch
immer nicht genug. „Uns fehlt noch ein schönes Hellgrün",
ruft sie ihrer Schwester zu, „aber so richtig habe ich noch
keine Pflanze gefunden, mit der ich eine grüne Malfarbe für
dich machen kann." „Du kannst ja mal Spinat probieren",
meldet sich Franz, der neugierig schaut, was seine Schwestern
so tun. „Oh Luisa, Luisa, komm mal ganz schnell her!", ruft
Tilla und zeigt aufgeregt auf ihr Bild. „Ich habe gerade mit
Lila gemalt und jetzt ist es auf dem Papier grün geworden!"
Interessiert schauen beide Geschwister auf das Bild. „Das ist
ja seltsam", staunt Luisa, „das war doch der Rotkohlsaft."*

© Springer-Verlag GmbH Deutschland, ein Teil von Springer
Nature 2022
M. Müller und C. Walther, *Forschend durch Haus und Garten*,
https://doi.org/10.1007/978-3-662-64664-9_4

*„Ah, Rotkohlsaft,“ nickt Franz wissend, „da kann ich euch noch ganz andere Tricks zeigen.“ Er geht zum Küchenschrank und holt ein paar Flaschen und Gläser heraus. „Macht mal ein bisschen Platz auf dem Tisch, jetzt wird es richtig bunt!“*

\* \* \*

Vielleicht hast du schon einmal beobachtet, was passiert, wenn bei der Zubereitung von Rotkohl Essig hinzugegeben wird. Dieses Phänomen lässt sich noch genauer erforschen, und alles, was wir dazu brauchen, ist im Küchenschrank und im Bad zu finden.

**Frage**

**Welche Eigenschaften von Stoffen kann ich mit Rotkohlsaft nachweisen?**

Um die besonderen Fähigkeiten des Rotkohlsafts näher zu untersuchen, stellst du dir am besten eine größere Menge davon her. Koche dazu zwei zerkleinerte Rotkohlblätter mit etwa 100 ml Wasser auf und lasse das Ganze 5 Minuten köcheln. Filtriere die Lösung durch einen Kaffeefilter. Wenn du die Lösung im Kühlschrank aufbewahrst, kannst du sie noch etwa eine Woche verwenden. Nun gehst du noch zum Küchenschrank oder ins Bad und holst dir verschiedene Stoffe, deren Eigenschaften wir testen werden.

**Zum Selberforschen**
- Rotkohlsaft
- 10 kleine Gläser (50 ml)
- Löffel
- Backpulver
- Essig

- **Duschbad**
- **Natron**
- **Pottasche**
- **Seife**
- **Vollwaschmittel (Pulver)**
- **Zitronensaft**

Nimm neun kleine Gläser und fülle sie zur Hälfte mit Wasser. Damit du später noch weißt, was du in jedes Glas gefüllt hast, solltest du die Gläser beschriften. Gib nun die verschiedenen Stoffe in je ein Glas. Von den Feststoffen (Backpulver, Natron, Pottasche, Waschpulver, Zitronensäure, geraspelte Seife) reicht eine Löffelspitze. Rühre um, bis sich nichts mehr weiter löst, wobei es sein kann, dass sich nicht alle Stoffe vollständig auflösen. Bei Backpulver und Waschmittel bleiben die Flüssigkeiten milchig-trüb, da sie auch wasserunlösliche Zutaten enthalten. Von den Flüssigkeiten (Essig, Zitronensaft, Duschbad) gibst du jeweils einen Teelöffel in das Glas und verrührst sie gründlich. Das neunte Glas dient uns als Kontrolle und enthält nur Wasser.

Schauen wir zunächst auf die Gläser, in denen sich nun eine pink-rote Flüssigkeit befindet. Sie enthalten Zitronensaft bzw. Essig – wichtige Zutaten beim Kochen, die aufgrund ihres sauren Geschmacks in jedem Haushalt zu finden sind. Es handelt sich bei beiden Flüssigkeiten tatsächlich um Säuren, und wie alle Säuren färben sie den Rotkohlsaft rot. Wenn du genau hinschaust, erkennst du aber vielleicht einen leichten Farbunterschied zwischen beiden: Die Essigsäure-Lösung sieht rot-violett aus, während sich die Rotkohlfarbe in der Zitronensäure zu einem kräftigen Pink verändert hat. Dies liegt daran, dass die Zitronensäure etwas stärker sauer ist als Essigsäure – unser Rotkohlsaft kann uns also sogar grob anzeigen, wie stark sauer eine Flüssigkeit ist.

Auch in den Gläsern mit Natron-, Pottasche-, Seifen- oder Waschpulver-Lösung ändert sich die Farbe des

Rotkohlsafts – allerdings färbt er sich hier blau oder grün. Beim Waschpulver kann es sogar sein, dass die Lösung eine gelbe Farbe annimmt. Wir nehmen nun ein leeres Glas und füllen etwas von der roten Essig-Lösung hinein. Mit einem sauberen Löffel geben wir nacheinander kleine Mengen der grünlichen Natron-Lösung dazu. Bald schon sehen wir, wie sich beide Lösungen zu einem violett-blauen Farbton mischen. Wenn wir sorgfältig gearbeitet haben, wird er sich nicht von dem unserer Kontrolle, die ja nur Wasser enthält, unterscheiden. Offensichtlich hebt also die Natron-Lösung die sauren Eigenschaften der Essig-Lösung auf – sie wird neutralisiert. Stoffe, die Säuren neutralisieren können, nennt man Basen. Sie ändern ebenfalls die Farbe des Rotkohlsafts. Schwache Basen färben den Rotkohlsaft violett-blau, bei starken Basen verschiebt sich der Farbton in ein kräftiges Grün. Die gelbe Farbe beim Vollwaschmittel ist auf die darin enthaltenen Bleichmittel zurückzuführen, die den Farbstoff chemisch verändern.

Beim Backpulver und beim Duschbad ändert sich hingegen die Farbe des Rotkohlsafts nicht. Diese Stoffe sind weder Säuren noch Basen, sondern chemisch neutral.

Wir sehen also, dass unser Rotkohlfarbstoff seine Farbe je nachdem ändert, ob eine Lösung sauer oder basisch ist (siehe Tab. 4.1). Solche Stoffe, die uns etwas anzeigen, nennt man Indikatoren. Sie spielen eine wichtige Rolle bei chemischen Untersuchungen. Das Maß dafür, wie sauer oder basisch eine Lösung ist, nennt man pH-Wert.

Alle Lebewesen sind auf für sie passende Lebensbedingungen angewiesen, und dazu gehört auch der pH-Wert. So benötigen viele Pflanzen einen optimalen pH-Wert, um gut wachsen zu können, weswegen Gärtner und Landwirte regelmäßig den pH-Wert des Bodens untersuchen. In unserem Körper kann man sogar viele verschiedene pH-Werte messen. Unsere Haut und Schleimhäute sind leicht sauer, während die im Magensaft

**Tab. 4.1** Rotkohlfarben

| Rot | Essig |
| --- | --- |
| | Zitronensaft |
| Lila | Backpulver |
| | Duschbad |
| | Wasser |
| Blau-Grün | Natron |
| | Pottasche |
| | Seife |
| Gelb | Vollwaschmittel |

enthaltene Salzsäure sogar eine starke Säure ist. Dagegen sind Gallensaft, Blut und Tränenflüssigkeit leicht basisch. Unser Speichel ist üblicherweise neutral, es sei denn, wir haben große Mengen Zucker gegessen. Daraus bilden die auf Zähnen und Mundschleimhaut lebenden Bakterien Säuren, die unseren Zahnschmelz angreifen können. Darüber hinaus haben die Lebensmittel, die wir zu uns nehmen, keinen großen Einfluss auf den pH-Wert in unserem Körper. Die meisten Lebewesen haben ausgefeilte Mechanismen entwickelt, um den pH-Wert in einem für sie passenden Bereich zu halten. So hat auch unser Blut immer einen konstanten pH-Wert – egal wie viele Gläser saure Gurken wir essen.

\* \* \*

*„Franz, du kannst ja zaubern!" Tilla ist mal wieder völlig begeistert von ihrem großen Bruder. Aber Papa grummelt, weil in der Küche nun noch mehr Dinge rumstehen. „Spätestens zu Weihnachten mach ich Rotkohl, dann dürft ihr von mir aus weiterexperimentieren. Aber jetzt wird hier endlich abgewaschen!"*

**Und nun noch einmal ganz genau …**
Rotkohl enthält den Farbstoff Cyanidin. Wie alle Anthocyan-Farbstoffe ist er sehr gut wasserlöslich und verändert

seine Farbe in Abhängigkeit vom pH-Wert der Lösung. Der pH-Wert ist ein Maß dafür, wie viele Wasserstoffionen sich in einer Lösung befinden. Der pH-Wert wird als Zahl ohne Einheit angegeben, wobei saure Lösungen einen pH-Wert < 7 und basische Lösungen einen pH-Wert > 7 haben. In Tab. 4.2 sind Beispiele für verschiedene pH-Werte angegeben.

Säuren sind Stoffe, die Wasserstoffionen abgeben. Je saurer eine Lösung, umso mehr Wasserstoffionen sind in der Lösung und umso niedriger ist der pH-Wert. Basen sind Stoffe, die Wasserstoffionen binden. Sie sorgen dafür, dass weniger Wasserstoffionen in einer Lösung vorliegen und der pH-Wert einer Lösung steigt. Die positiv geladenen Wasserstoffionen verändern die Struktur des

**Tab. 4.2** pH-Werte ausgewählter Lösungen

| Lösung | pH-Wert |
|---|---|
| Magensäure | 1,0–1,5 |
| Zitronensaft | 2,4 |
| Cola | 2,0–3,0 |
| Apfelsaft | 3,5 |
| Wein | 4,0 |
| Saure Milch | 4,5 |
| Essig (1 %) | 4,75 |
| Saurer Regen | < 5,0 |
| Kaffee | 5,0 |
| Hautoberfläche des Menschen | 5,5 |
| Regen (natürlicher Niederschlag) | 5,6 |
| Milch | 6,5 |
| Wasser (je nach Härte) | 6,0–8,5 |
| Menschlicher Speichel | 6,5–7,4 |
| Reines Wasser | 7,0 |
| Blut | 7,4 |
| Meerwasser | 7,5–8,4 |
| Natron (Natriumhydrogencarbonat, 1 %) | 8 |
| Pankreassaft (Darmsaft) | 8,3 |
| Seife | 9,0–10,0 |
| Bleichmittel | 12,5 |

Cyanidins im Rotkohl und damit dessen Farbe. Daher ist Cyanid wie die meisten Anthocyan-Farbstoffe ein guter Indikator – so bezeichnet man Stoffe, die den pH-Wert einer Lösung anzeigen.

---

**Zum Weiterforschen**

- Gehe auf Suche nach weiteren Stoffen, die Säuren oder Basen enthalten.
- Untersuche verschiedene Lebensmittel wie Fruchtsäfte, Softdrinks, Joghurt, Milch, Quark oder Früchtetees.
- Schaue im Putzmittelschrank nach, ob die Reinigungsmittel sauer oder basisch sind. Lies dir vorher die Sicherheitshinweise genau durch und trage nötigenfalls Handschuhe.
- Einige Hautpflegemittel werden als „hautneutral" bezeichnet. Prüfe, ob sie sauer, basisch oder neutral sind.
- Teste, ob andere Pflanzenfarbstoffe ebenfalls als Indikatoren geeignet sind. Aus dem vorherigen Versuch kennst du schon andere Anthocyan-Farbstoffe. Finde heraus, ob sie ebenfalls ihre Farbe ändern, wenn du eine Säure oder eine Base zugibst.
- Fülle 10 ml deiner Natron-Lösung in ein Glas und gib teelöffelweise Essigsäure-Lösung dazu, bis die Lösung neutral ist. Fülle danach 10 ml Waschpulver-Lösung in ein Glas und wiederhole den Versuch. Benötigst du mehr oder weniger Essigsäure?
- Dokumentiere deine Ergebnisse.

---

## 4.2 Die Glas-Verwirrung

*Tilla flitzt in die Küche. „Ich habe so einen Durst", ruft sie. „Wo ist mein Trinkbecher?" Papa Jens schneidet gerade Zwiebeln, diesen Samstag soll es eingelegten Hering geben. „Dein Becher ist in der Spülmaschine. Die läuft gerade." Tilla mault, denn ihr Lieblingsbecher mit den Schmetterlingen hat einfach die perfekte Größe. „Nimm dir doch ein*

*Glas aus dem Schrank!", schlägt Papa vor. „Du darfst dir auch eins aussuchen." Gemeinsam schauen sie sich die Gläser im oberen Fach an. Da gibt es so viele Größen und Formen, dass sich Tilla nicht entscheiden kann. Welches Glas ist wohl so groß wie ihr Becher? Passt in ein hohes Glas mehr hinein als in ein breites? „Was hältst du davon, wenn du misst, wie groß die Gläser sind?", sagt Papa, der jetzt eigentlich die Gurken würfeln möchte. „Auf dem Küchentisch liegt ein Bindfaden, mit dem kannst du die Gläser umwickeln und messen, wie breit das Glas (etwa in mittlerer Höhe) ist. Und wenn du den Faden danebenhältst, weißt du, wie hoch es ist." Tilla legt los und holt ein Glas nach dem anderen aus dem Schrank. Papa wäscht gerade Messer und Brett ab, als Tilla eine bemerkenswerte Entdeckung macht: „Schau mal, Papa, hättest du das gedacht?"*

* * *

**Frage**

**Ein Trinkglas ist mit einem Bindfaden umwickelt. Der Umfang des Glases wird am Faden markiert (siehe Abb. 4.1). Wenn der markierte Faden abgewickelt und mit der Höhe des Glases verglichen wird, ist er dann kürzer, gleich lang oder länger, als das Glas hoch ist?**

**Abb. 4.1** Messung von Umfang und Höhe eines Glases mittels Bindfaden

Selbstverständlich kommt es bei der Antwort auf das jeweilige Glas an. In den meisten Fällen wird der Bindfaden allerdings deutlich länger sein, als das entsprechende Glas hoch ist. Das ist für viele Beobachter überraschend. Viele Gläser können der Form nach als Kreiszylinder (evtl. Kreiskegelstumpf) betrachtet werden, haben also eine kreisförmige Grundfläche und eine rechteckige (evtl. trapezförmige) Mantelfläche. Für unsere Betrachtungen ist unerheblich, ob sich das jeweilige Glas besser durch einen Kreiskegelstumpf oder einen Kreiskegel beschreiben lässt. Bei den meisten Gläsern wirkt sich die Wahl des Modells nicht auf die beschriebene Beobachtung aus. Wir gehen in jedem Fall von einer kreisförmigen Grundfläche aus und meinen im Folgenden mit den Bezeichnungen „Kreisumfang" und „Kreisdurchmesser" immer den Umfang bzw. Durchmesser der kreisförmigen Grundfläche des mathematischen Modells. Diese entsprechen bei dem realen Glas (das vermessen wurde) Umfang und Durchmesser des Glasbodens.

Man könnte die Beobachtung als eine Art optische Täuschung bezeichnen, denn üblicherweise wird bei der Betrachtung des Glases der Kreisdurchmesser, nicht aber der Kreisumfang wahrgenommen. Der gemessene Umfang ist sicher mehr als dreimal so groß wie der Kreisdurchmesser, da $u = \pi \cdot d$ gilt und $\pi$ größer 3 ist. Die Erfahrung, dass der Umfang mehr als dreimal so groß wie der Durchmesser ist, wurde oft noch nicht verinnerlicht, sodass es bei vielen Betrachtern zu einer Fehleinschätzung kommt.

Betrachtet man so wie Tilla und Jens mehrere Trinkgläser, findet man eventuell auch Exemplare, deren Höhe größer als der Umfang ist. Es ist beeindruckend, Vertreter beider Fälle (Umfang kleiner als Höhe und Umfang größer als Höhe) einander gegenüberzustellen. Bei dieser

Betrachtung drängt sich eine weitere Frage auf: Wie sieht ein Kreiszylinder aus, bei dem die Höhe gleich dem Umfang ist, bzw. wie können wir ein Modell eines solchen Körpers herstellen?

*Tilla findet ein DIN-A4-Blatt Papier in der Küche und hat eine Idee.*

## Zum Selberforschen

**Erstelle aus einem DIN-A4-Blatt Papier das Modell eines Kreiszylinders, dessen Kreisumfang gleich der Höhe ist. Schneide zunächst die Mantelfläche aus. Aus dem Verschnitt können die kreisförmige Deck- und die Grundfläche herausgeschnitten werden (ja, das muss reichen ☺). Zum Zusammensetzen des Körpers darf Klebeband verwendet werden.**

Wenn der Kreisumfang und die Höhe des Kreiszylinders gleich sein sollen, bedeutet dies, dass die Mantelfläche des Zylinders quadratisch sein muss. Es gibt verschiedene Möglichkeiten, ein Quadrat aus einem DIN-A4-Blatt zu falten. Eine schnelle Variante besteht darin, eine Ecke – sagen wir die untere rechte – auf die gegenüberliegende Seite (also die obere Seite des Blattes) zu falten (siehe Abb. 4.2).

Die kürzere Seite des Blattes definiert die Seitenlänge des Quadrats. Aufgrund der (angenommenen) Rechteckeigenschaften (parallele Seiten und rechte Winkel) des

**Abb. 4.2** Faltskizze für Mantel-, Grund- und Deckfläche eines Kreiszylinder-Modells mit umfanggleicher Höhe

DIN-A4-Blattes können wir davon ausgehen, dass ein Quadrat entsteht.

Wenn man den überschüssigen Anteil des Blattes abschneidet, ist die quadratische Mantelfläche fertig. Diese kann gerollt und an zwei gegenüberliegenden Kanten mit etwas Klebeband verbunden werden.

Der Verschnitt hat die Maße 210 mm (kürzere Seite des DIN-A4-Blattes) mal 87 mm (längere minus kürzere Seite des DIN-A4-Blattes). Da $d = \frac{u}{\pi}$ gilt, ist der Umfang der Grundfläche $\frac{210mm}{\pi} \approx 66{,}88mm$.

Damit bietet der Verschnitt genügend Platz für zwei Kreisflächen (Grund- und Deckfläche) sowie etwaige Kleberänder. Die kreisförmige Grundfläche (bzw. Deckfläche) kann mithilfe der gerollten Mantelfläche durch (vorsichtiges) Umranden mit einem Bleistift skizziert werden. Exakter ist die Konstruktion mit einem Zeichenzirkel. Der Radius der Kreisflächen entspricht der Hälfte des Durchmessers (also ca. 33,44 mm). Mit der Mantelfläche und den beiden Kreisflächen lässt sich ein vollständiges Kreiszylinder-Modell, dessen Umfang gleich der Höhe ist, erstellen.

In der Architektur findet man Gebäude, die diesem Modell recht nahekommen. Es ist zu vermuten, dass runde Türme, deren Umfang (in etwa) gleich der Höhe ist, sowohl statischen als auch ästhetischen Ansprüchen genügen. Ein Beispiel ist der Fuchsturm in Jena (siehe Abb. 4.3), dessen Umfang am Erdboden 22,2 m misst und dessen Höhe bis zur Aussichtsplattform 21,69 m entspricht.

*** 

*Tilla und Papa Jens wollen auf jeden Fall bei der nächsten Familienwanderung nach vergleichbaren Türmen Ausschau halten und Opa Manfred bei den Trinkpausen dann mit dem Experiment überraschen.*

**Abb. 4.3** Fuchsturm auf dem Hausberg in Jena (ArtHdesign/ stock.adobe.com)

## 4.3   Die perfekte Mischung

„Oh nein. Sag nicht, dass wir kein Sprudelwasser mehr im Haus haben." Vorwurfsvoll stapft Franz die Kellertreppe hoch. „Du weißt, Leon und ich haben uns zum Sport verabredet, und da brauchen wir jede Menge Flüssigkeit!" Papa ist ein bisschen genervt ob der ewigen Einkaufsdiskussionen: „Du kannst ja das nächste Mal die Kästen schleppen. Oder ihr trinkt Leitungswasser." Sofort ist Franz empört: „Bäh. Das schmeckt doch nicht!" Oma wiederum kann es nur schlecht ertragen, wenn Unfrieden in der Familie herrscht, und versucht die Wogen zu glätten. „Franz, weißt du, wir haben uns früher unser Sprudelwasser selber hergestellt." „Früher gab es schon Sprudelautomaten?" Schmunzelnd erwidert Oma: „Ja, das auch, aber es geht noch viel einfacher. Komm mal mit in die Küche, wir machen Brausepulver."

\* \* \*

Wenn du dein Glas mit Sprudelwasser oder Limonade länger stehen lässt, ändert sich der Geschmack deines Getränks: Es kribbelt nicht mehr auf der Zunge und schmeckt etwas schal. Vielleicht hast du schon einmal die Erklärung gehört: „Da entweicht die Kohlensäure." So ganz stimmt die Erklärung nicht – denn bei den Bläschen, die aus deinem Getränk nach oben steigen, handelt es sich nicht um Kohlensäure, sondern um das Gas Kohlendioxid. Mit ein paar Chemikalien aus deinem Küchenschrank kannst du den Unterschied zwischen Kohlensäure, deren Verbindungen und Kohlendioxid untersuchen und dabei auch noch leckeres Brausepulver herstellen.

**Frage:**

**Wie wird Brausepulver gemischt?**

Brausepulver ist keine neue Erfindung: In verschiedenen alten und neuen Rezeptbüchern sind z. B. Weinsäure, Weinessig, Zucker, Limettensaft, Zitronensaft oder verschiedene Aromen als Zutaten angegeben. Fast immer findet man jedoch Zucker und Natron auf der Zutatenliste. Zucker wird ganz offensichtlich für den süßen Geschmack zugegeben. Den Zweck der anderen Zutaten wollen wir mit verschiedenen Experimenten erkunden.

**Zum Selberforschen**

- 6 Gläser (200 ml)
- Waage (d = 0,1)
- Wasserfester Stift
- Messlöffel (2,5 ml)
- Teelöffel
- 4 Luftballons gleicher Größe
- Dünnes Zeitungspapier

- Schere
- Dicker Bleistift
- Trichter mit großer Tülle (der Bleistift muss locker hindurchpassen)
- Kleiner Trichter
- Karteikarte A6
- Messbecher (1 l)
- Natron
- Zitronensäure
- Essig
- Wasser

Beschrifte die sechs Gläser und befülle sie wie in Tab. 4.3 angegeben. Achte darauf, dass du den Messlöffel (ML) abwäschst und trocknest, nachdem du eine Zutat eingefüllt hast. Fülle alle Gläser zur Hälfte mit Wasser.

Vermutlich fällt dir schon beim Befüllen der Gläser auf, dass die Zutaten in Glas 5 sofort schäumen, sobald sie zusammengegeben werden. Auch in Glas 6 gibt es eine heftige Gasentwicklung, allerdings erst, nachdem du Wasser hinzugegeben hast. Bei den Gläsern 1 bis 4 musst du schon genauer hinsehen: Dann kannst du erkennen, dass sich die Zitronensäure im Gegensatz zum Natron gut in Wasser löst. In den Gläsern 5 und 6, also in der

**Tab. 4.3** Beschriftung und Inhalt der Gläser

| Glas | Beschriftung | Inhalt |
|------|--------------|--------|
| 1 | E | 2 ML Essig |
| 2 | Z | ½ ML Zitronensäure |
| 3 | N | ½ ML Natron |
| 4 | E + Z | 2 ML Essig + ½ ML Zitronensäure |
| 5 | E + N | 2 ML Essig + ½ ML Natron |
| 6 | Z + N | ½ ML Zitronensäure + ½ ML Natron |

Mischung mit Essig bzw. Zitronensäure, hat sich das Natron hingegen fast vollständig aufgelöst.

Mit einem kleinen Löffel kannst du nun die Flüssigkeiten in den Gläsern vorsichtig verkosten: Du wirst feststellen, dass die Flüssigkeiten in Glas 1 und 2 wenig überraschend säuerlich schmecken, denn sowohl Essig als auch Zitronensäure sind Säuren. Die Natron-Lösung in Glas 3 hingegen schmeckt bitter und seifig – mehr als eine kleine Kostprobe ist hier nicht nötig. Die Flüssigkeit in Glas 4 schmeckt sauer, was kaum verwunderlich ist, denn hier haben wir zwei Säuren gemischt. In Glas 5 und 6 hingegen haben wir – die richtige Mischung vorausgesetzt – tatsächlich zwei sprudelnde, säuerlich-erfrischende Getränke – der unangenehm seifige Geschmack des Natrons ist verschwunden.

Unser kleines Experiment macht deutlich, dass Natron eine notwendige Zutat des Brausepulvers ist, zusätzlich jedoch eine Säure hinzugegeben werden muss, damit es sich im Wasser auflöst, zu sprudeln beginnt und einen erträglichen Geschmack bekommt. Tatsächlich ist Brausepulver eine Mischung aus Natron, Zitronensäure, Zucker und verschiedenen Farb- und Aromastoffen. Bevor zu Beginn des 20. Jahrhunderts ein Verfahren zur biotechnologischen Herstellung von Zitronensäure entwickelt wurde, hat man meistens Weinsäure als Zutat im Brausepulver verwendet.

Natron ist der umgangssprachliche Name für Natriumhydrogencarbonat. Der Wortbestandteil „Carbonat" verrät uns, dass es sich hierbei um ein Salz der Kohlensäure handelt. Kohlensäure ist eine sehr schwache Säure und wird von der stärkeren Zitronensäure aus ihrem Salz „verdrängt". Da Kohlensäure zudem sehr instabil ist, zersetzt sie sich sofort zu Wasser und dem Gas Kohlendioxid, was wir an den sprudelnden Gasbläschen erkennen können.

Um genauer zu untersuchen, welches die perfekte Brausepulvermischung ist, wollen wir verschiedene Rezepturen testen und bestimmen, wo sich das meiste Kohlendioxid bildet. Wir füllen dazu Wasser und eine Brausepulvermischung in einen Luftballon, den wir anschließend zuknoten. Nachdem er sich „aufgeblasen" hat, können wir das Volumen des entstandenen Gases messen, indem wir den Luftballon in einen halb gefüllten Messbecher tauchen. Anhand des erhöhten Füllstandes des Messbechers können wir in etwa abschätzen, wie viel Kohlendioxid in dem Ballon entstanden ist.

Für das Abwiegen der Mischungen benötigst du eine Waage, die auf ein Zehntelgramm genau wiegt. Bei einer Digitalwaage erkennst du das am Aufdruck „d = 0,1". Wenn du keine solche Waage im Haushalt hast, kannst du auch mit einer Selbstbau-Balkenwaage arbeiten und große Büroklammern als Vergleichsmassen verwenden. Eine wiegt etwa 0,5 g, sodass du die in Tab. 4.4 angegebenen Mengen abwiegen kannst. Um zu verhindern, dass schon beim Zuknoten des Ballons Gas entweicht, müssen wir einen Trick anwenden:

- Schneide vier Rechtecke der Größe 5 × 9 cm aus dünnem Zeitungspapier.
- Wickle ein Papierrechteck mit der langen Seite um den dicken Bleistift und knicke ein Ende zu. Du hast nun eine Papierhülse, in die du das Brausepulvergemisch

**Tab. 4.4** Test der Brausepulvermischungen

| Mischung | Natron (g) | Zitronensäure (g) |
|----------|------------|-------------------|
| 1 | 1,5 | 0,5 |
| 2 | 1,5 | 1,0 |
| 3 | 1,5 | 1,5 |
| 4 | 1,5 | 2,0 |

füllen kannst. Stelle vier dieser Papierhülsen her und beschrifte sie wie in Tab. 4.4 angegeben.

- Knicke die Karteikarte längs und lege sie aufgefaltet auf die Waage.
- Wiege 1,5 g Natron und 0,5 g Zitronensäure ab.
- Fülle die Mischung in die vorbereitete Papierhülse, indem du den Knick in der Karteikarte als Rinne benutzt.
- Fülle einen Luftballon mit 10 ml Wasser. Verwende dafür, wenn nötig, einen kleinen Trichter.
- Ziehe den Hals des Luftballons über die Tülle des großen Trichters und achte darauf, dass der Trichter trocken bleibt.
- Schiebe die Papierhülse durch den Trichter vorsichtig in den Luftballon. Das Brausepulver sollte dabei noch nicht mit dem Wasser in Berührung kommen.
- Knote den Luftballon zu und schüttle ihn kräftig.
- Wenn sich kein weiteres Kohlendioxid mehr bildet, kannst du das Volumen des Ballons bestimmen:
- Fülle den 1-Liter-Messbecher mit 400 ml Wasser.
- Tauche den Ballon hinein und lies ab, um wie viel sich der Füllstand im Messbecher erhöht hat.
- Teste die Mischungen 2 bis 4.

Wenn du sorgfältig gearbeitet hast, wirst du feststellen, dass die Luftballons 3 und 4 ungefähr gleich groß geworden sind. Es gibt also ein optimales Mischungsverhältnis für die beiden Reaktionspartner Natron und Zitronensäure. Die weitere Zugabe nur eines Reaktionspartners wird nicht dazu führen, dass sich mehr Kohlendioxid bildet. Das liegt daran, dass bei chemischen Reaktionen die Reaktionspartner immer in einem festgelegten Verhältnis miteinander reagieren.

Für unser „perfektes Brausepulver" spielt aber nicht nur das entstandene Kohlendioxid, sondern natürlich auch der

Geschmack eine wichtige Rolle. Da ein leicht säuerlicher Geschmack als angenehm empfunden wird, solltest du dich im Zweifelsfall auf deine Zunge verlassen und etwas mehr Zitronensäure verwenden.

*„Hmm, lecker!" Nach ein paar Versuchen hat Oma endlich die richtige Mischung gefunden und Franz ist ganz erstaunt, wie gut selbst gemachte Brause schmeckt. „Danke, Oma, ich bin mal gespannt, was mein Freund dazu sagt." „Ach Franz, ansonsten schickst du ihn los, dass er den Wasserkasten holt."*

* * *

**Und nun noch einmal ganz genau ...**

Brausepulver ist eine Mischung von Natron mit einer Säure, die – wie z. B. Wein- oder Zitronensäure – ein Feststoff sein sollte. Meist werden noch Zucker, Aromen und Farbstoffe hinzugefügt. Wenn sich Natron und Zitronensäure in Wasser auflösen, dissoziieren sie in ihre Ionen.

$$NaHCO_3 \rightarrow Na^+ + H^+ + CO_3^{2-}$$
$$C_3H_5(COOH)_3 \rightarrow C_3H_5(COO^-)_3 + 3\ H^+$$

Die Carbonationen aus dem Natron reagieren mit den Wasserstoffionen aus der Zitronensäure, wobei die sehr instabile Kohlensäure entsteht, die sich sofort zu Kohlendioxid und Wasser zersetzt.

$$CO_3^{2-} + 2\ H^+ \rightarrow H_2CO_3 \rightarrow CO_2 + H_2O$$

Die Umkehrung dieser Reaktion ist das Herstellen von Sprudelwasser, indem Kohlendioxid und Wasser unter hohem Druck gemischt werden, sodass sich das Kohlendioxid in Wasser löst und zu Kohlensäure reagiert.

Auch Kalk – also Calciumcarbonat – ist ein Salz der Kohlensäure, und als solches wird es ebenfalls durch andere Säuren zersetzt. Dies macht man sich z. B. beim

Entkalken von Wasserkochern oder beim Putzen von Badarmaturen zunutze – beides funktioniert mit säurehaltigen Reinigern deutlich einfacher.

---

**Zum Weiterforschen**

- Teste den Geschmack bei verschiedenen Mischungsverhältnissen von Natron und Zitronensäure. Notiere deine Testergebnisse.
- Auch Eierschalen bestehen aus Kalk. Vergleiche verschiedene Haushaltsreiniger, indem du testest, wie schnell sie ein Stück Eierschale auflösen können.

# 5

# Arbeitszimmer

Forschungsspaziergänge zu Hause – Alltägliche
mathematische und naturwissenschaftliche Entdeckungen

## 5.1 Die Hälfte ist nicht immer gleich ein Halb

*Jens sitzt im Arbeitszimmer und muss Termine für das
nächste Jahr planen. In der Bibliothek, wo er als Biblio-
thekar angestellt ist, ist er nun auch für die Organisation
von Lesungs-Reihen zuständig. Dabei soll über das ganze
Jahr verteilt ein breites Angebot an Lesungen und Vorträgen
stattfinden. „Wie passend", denkt sich Jens, „dass aktuell eine
Lesungs-Reihe zu Kalendersystemen in verschiedenen Hoch-
kulturen läuft." Als Fan der analogen Terminplanung nimmt
er sich einen Jahreskalender auf einem DIN-A2-Bogen zur
Hand und legt los. Seine Idee ist, die Termine möglichst*

© Springer-Verlag GmbH Deutschland, ein Teil von Springer
Nature 2022
M. Müller und C. Walther, *Forschend durch Haus und Garten*,
https://doi.org/10.1007/978-3-662-64664-9_5

*gleich verteilt auf die beiden Jahreshälften und die Monate zu legen. Dabei macht er ein paar spannende Beobachtungen.*

$$* * *$$

**Frage**

**Bestimme die Hälften eines Kalenderjahres nach Monaten, Tagen und Kalenderwochen. Vergleiche die Anteile.**

Zunächst wirkt die Fragestellung fast trivial, denn auch ohne einen Kalender zur Hand zu nehmen weiß man, dass ein Jahr zwölf Monate hat. Das bedeutet, die ersten sechs Monate von Januar bis Juni bilden die erste Jahreshälfte und die weiteren sechs von Juli bis Dezember die zweite Jahreshälfte. Oft spricht man also am 1. Juli vom Beginn der zweiten Jahreshälfte.

Die Lage ist allerdings schon nicht mehr so eindeutig, wenn man die Anzahl an Tagen betrachtet, denn für die ersten sechs Monate im Jahr ergibt sich als Summe $31 + 28 + 31 + 30 + 31 + 30 = 181$ Tage, für die weiteren sechs Monate aber $31 + 31 + 30 + 31 + 30 + 31 = 184$ Tage.

Da 181 offensichtlich nicht gleich 184 ist, bedeutet dies, dass die erste Jahreshälfte kürzer als die zweite ist. Nun kann man einwerfen, dass in Schaltjahren im Februar ein Tag dazukommt, doch selbst dann ist die zweite Jahreshälfte immer noch zwei Tage länger. Es gibt also ein Problem in der „Synchronisation" von Monaten und Tagen bzw. durch die Tatsache, dass ein Jahr in der Regel 365 Tage hat, und das ist nun mal eine ungerade Zahl, die sich bekanntlich nicht restlos halbieren lässt, da $365 : 2 = 182$ Rest 1.

Ein ähnliches Bild zeigt sich, wenn man nicht die Monate sondern die Wochen betrachtet. Es gibt pro Jahr 52 Kalenderwochen, was vermuten lässt, dass nach 26 Kalenderwochen die Jahreshälfte erreicht wäre. Allerdings kann die Kalenderwoche 1 nicht standardmäßig am 1. Januar beginnen. Das Problem liegt ebenso in der Teilbarkeit der 365 begründet, denn eine Woche hat 7 Tage und $365 : 7 = 52$ Rest 1. Das bedeutet, die Kalenderwoche 1 beginnt zu unterschiedlichen Tagen eines Jahres. Damit endet die Kalenderwoche 25 selbstverständlich auch an unterschiedlichen Tagen und eben nicht immer am 30. Juni. Im Jahr 2021 etwa endete das Halbjahr nach Kalenderwochen am 4. Juli. Die Kalenderwoche 52 reichte folgerichtig bis ins Jahr 2022 hinein. In dieser Betrachtung ist die zweite Jahreshälfte kürzer als die erste. Wie schon geschildert, liegt es auch hier an der Teilbarkeit von 365, was ein Problem beim Bezug der Wochen auf ein Jahr hervorruft. Doch warum ist unser Kalender dann so aufgebaut, wenn eine Hälfte nicht mal ein halb ist?

Wie müssen uns erinnern, welche natürlichen Bezüge die Zeiteinheiten Jahr und Monat haben. Außerdem ist wesentlich, dass ein so komplexes System wie ein Jahreskalender über Jahrhunderte (sogar Jahrtausende) entwickelt und ständig nachgebessert wurde. Ein Jahr misst sich an dem Umlauf der Erde um die Sonne. Die Erde benötigt für diesen Umlauf ca. 365 Tage. Wenn man den Lauf der Sonne beobachtet, kann man feststellen, dass sie nach dieser Zeitspanne wieder an derselben Stelle am Firmament steht. Mindestens die Hochkultur im alten Ägypten hat daher ihren Kalender am Lauf der Sonne ausgerichtet, denn die Bestimmung der Nilschwemme als jährlich auftretendes Ereignis war für die Menschen der Region damals existenziell.

Nun ist ein Jahr recht lang und der Lauf der Sonne teilweise schwer nachzuvollziehen. Der Mond wandelt sein Erscheinungsbild eindrucksvoller und schneller. Daher ist es nachvollziehbar, dass frühe Kulturen ihre Kalender an den Mondzyklen ausgerichtet haben. Diese Zyklen dauern zwischen 27,3 und 29,5 Tagen. Es ist plausibel anzunehmen, dass sich die frühen Mondkalender heute in der Einteilung der Monate mit 28 bis 31 Tagen wiederfinden. Allein das Wort „Monat" deutet schon auf das Gestirn hin. Es bedurfte aber offensichtlich einer Verlängerung des mittleren Mondzyklus von 28 Tagen, um ein Jahr mit 365 Tagen in zwölf Monate einzuteilen. Unser Kalender (zumindest dessen Bezeichnungen und Einteilungen) ist also eine Synthese der Zeiteinteilung nach Sonnen- und Mondzyklen.

Die Anzahl an Tagen eines Monats hatte allerdings schon im alten Rom nicht unmittelbar mit den Mondzyklen zu tun, denn die jeweiligen Bezeichnungen der Monate bezogen sich (und beziehen sich teilweise noch immer) auf römische Götter und Kaiser. Es wird z. B. berichtet, dass der Kaiser Augustus, der dem achten Monat seinen Namen gab, darauf bestand, dass dieser Monat nicht kürzer als die verbleibenden elf Monate sein durfte. Daher folgt im Kalender auf einen Monat mit 31 Tagen (Juli) ein weiterer mit 31 Tagen (August). Die Anzahl an Tagen der Monate wurde also teilweise willkürlich bestimmt.

Ähnlich pragmatisch wird man mit dem Konzept der Sieben-Tage-Woche vorgegangen sein. Die Zeitspanne von sieben Tagen rührt wahrscheinlich von den vier Mondphasen her, die zusammen einen Mondzyklus bilden ($4 \cdot 7 = 28$). Dies erklärt, dass sich auch die Einteilung nach Wochen nach dem Mond richtet und eine restlose Verteilung auf ein Jahr mit 365 Tagen nicht möglich sein kann.

Die Bezeichnung der einzelnen Wochentage rührt übrigens u. a. von germanischen Gottheiten her; so ist der Donnerstag Donars oder Thors Tag (engl. Thursday) – Donar ist die germanische Gottheit des Donners und der Beschützer der Menschen.

Es zeigt sich, dass Kalendersysteme immer wieder überprüft, angepasst und überarbeitet wurden. Also können wir das doch auch mal versuchen. ☺ Es ist nahliegend, von einem Sonnenkalender mit einem Jahr von 365 Tagen auszugehen. Ziel ist es, eine Einteilung zu finden, die uns die Bestimmung der Jahresmitte ermöglicht. Dass 365 eine ungerade Zahl ist, kann von Vorteil sein, denn somit kann ein Tag als Mitte angesehen werden und diesem Tag kann eine besondere Bedeutung zukommen.

**Zum Selbstforschen**

**Berechne die Teiler von 365. Entwickle auf deren Grundlage eine Kalendereinteilung und bestimme die Jahresmitte möglichst eindeutig.**

Um die Menge aller Teiler einer Zahl zu bestimmen, ist ein systematisches Vorgehen und Testen einzelner Zahlen sinnvoll. Wir gehen also von der Menge der ganzen Zahlen aus und prüfen aufsteigend, ob 365 durch diese Zahl teilbar ist. Wie bereits erwähnt, ist 365 eine ungerade Zahl und demnach 2 kein Teiler von 365. Setzen wir die Prüfung mit 3 fort. Wenn man die Teilbarkeitsregel der 3 kennt oder nachschlägt, weiß man, dass man die Quersumme auf Teilbarkeit durch 3 prüfen muss: $3 + 6 + 5 = 14$. Da 3 die 14 nicht restlos teilt, ist 3 auch kein Teiler von 365. Setzen wir die Prüfung mit der Zahl 4 fort. Das geht auch schnell, denn wenn 2 kein Teiler ist, kann 4 erst recht kein Teiler sein. Schauen wir uns die Zahl 5 an. Entsprechend der Teilbarkeitsregel (letzte Ziffer ist entweder eine 5 oder eine 0) lässt sich 365 durch 5 teilen. Damit ist der erste Teiler gefunden. Entsprechend unserer systematischen Testung bestimmen wir Quotienten aus 365 und 5, um (mindestens) einen weiteren Teiler zu finden. Da wir bisher auf einen Taschenrechner verzichtet haben, können wir das auch an dieser Stelle tun. Schriftliche Division, let´s go:

$365 : 5 = 73$
35
 15
  0

Das ist ein spannendes Ergebnis, denn unsere Prüfung ist an dieser Stelle abgeschlossen. Da 5 eine Primzahl ist (also nur durch 1 und sich selbst teilbar ist), müsste der Quotient im nächsten Schritt systematisch auf weitere Teiler untersucht werden. Diese Prüfung ergibt im Fall der 73, dass auch diese eine Primzahl ist und keine weiteren Teiler besitzt. Es ist also lohnenswert, bei einem solchen Unterfangen eine Liste der Primzahlen vorliegen zu haben, denn sicher wird man nicht sofort die 73 als Primzahl erkennen. Das Ergebnis unserer Prüfung lässt sich also zusammenfassen in $5 \cdot 73 = 365$. Eine weitere Zerlegung der 365 in Faktoren wird sich nicht finden lassen, da 365 nur die beiden echten Teiler 5 und 73 aufweist und diese beiden Zahlen Primzahlen sind.

Für unser Kalendersystem bedeutet dies, dass wir ein Jahr in 73 Wochen zu je 5 Tagen einteilen können. (Da kann man sich jetzt schöne Namen für die Wochentage überlegen). Die Jahreshälfte würde in der Woche 37 liegen und der dritte Tag der Woche sein. Das wäre also unser Mittjahrestag. Wenn wir den Lauf der Sonne beobachten, wäre dieser Tag für ein so wichtiges Ereignis wie den Zenit der Sonne (höchster Punkt am Firmament) reserviert. Es wäre also der längste Tag im Jahr.

Zweifler an unserem Kalender können einwerfen, dass die Erde mehr als 365 Tage um die Sonne benötigt und wir somit nach einiger Zeit mit unserem Kalender in einen zeitlichen Versatz zum Zenit der Sonne kommen. Damit haben sie absolut recht, wir benötigen daher Schalttage. Die Erde umkreist die Sonne nicht in 365 Tagen. Ein Jahr, das an den Jahreszeiten gemessen wird (tropisches Jahr), misst ca. 365,242 Tage. Da 0,25 einem Viertel entspricht, wird aller vier Jahre ein Schalttag (29. Februar) eingefügt (Schaltregel 1). Die Abweichung von 0,242 zu 0,25 ist etwa ein Hundertstel. Dies bedeutet, dass der Schalttag jeweils aller 100 Jahre weggelassen werden muss (Schaltregel 2). Die verbleibende Abweichung wird durch eine dritte Schaltregel erfasst: Ist ein Schaltjahr ein Teiler von 400, bleibt der Schalttag bestehen. Fasst man die Regeln zusammen, gibt es in 400 Jahren 97 Schalttage.

Wir können uns allerdings bei unserer Kalenderplanung damit trösten, dass genau dieser Schritt in der Kalenderentwicklung im Jahr 1582 für größte Diskussionen sorgte. Damals ging es um die Einführung des Gregorianischen Kalenders, der den Julianischen Kalender ablösen sollte. Denn der beschriebene zeitliche Versatz hatte sich damals schon auf zehn Tage aufsummiert. Der damalige Papst Georg XIII. wollte das Problem mit den zusätzlichen Schaltregeln 2 und 3 beheben, doch nicht alle christlichen Kirchen folgten ihm. So verweigerte z. B. die russisch-orthodoxe Kirche jahrhundertelang die Kalenderreform und orientierte sich an dem Julianischen Kalender.

$$* * *$$

*Jens ist fasziniert von den verschiedenen Kalendern und den historischen Zusammenhängen. Freudig motiviert plant er eine Fortsetzungsveranstaltung zu Kalendersystemen. Bei der Planung lässt er dezent seine eigene Kalendersystematik einfließen und überlegt sich treffsichere Namen für eine Fünf-Tage-Woche: Kathrinsstart, Franzsday, Luisasmitt, Tillaszorn und zum krönenden Wochenabschluss Jenstag.*

## 5.2    Sind alle Münzen rund?

*Kathrin ist mal wieder im Home-Office und sitzt im Arbeitszimmer. Das aktuelle Projekt drängt und die Baupläne müssen fertig werden. Aber trotzdem kommt sie nicht so recht voran, denn es gibt noch ein paar offene Fragen an die Architektin und den Statiker wegen der Kostenkalkulation. Während Kathrin auf die E-Mail-Antworten wartet, schweifen ihre Gedanken ab. Ihr fällt das alte Ledersäckchen in die Hände, das auf dem Schreibtisch liegt und in dem sie ihre Erinnerungsstücke aufbewahrt. Als Erstes kullert eine britische 20-Pence-Münze von der Abschlussfahrt nach England heraus. Sie war Teil des Wechselgeldes, das sie für ihren ersten auf Englisch bestellten Drink bekommen hatte. Sie schaut sich die Münze genau an: „Wieso fällt mir erst jetzt auf, dass die Münze nicht kreisrund erscheint? Ist sie an verschiedenen Stellen etwa unterschiedlich breit?" Kathrin schnappt sich die Schieblehre und vermisst das 20-Pence-Stück ganz genau. „Das ist ja ein Ding", sagt sie zu sich selbst, „hilft mir das vielleicht sogar bei meinem Projekt?"*

\* \* \*

Was verstehen wir eigentlich unter der Breite einer geometrischen Figur? Um diese zu definieren, benötigen wir zunächst den Begriff der Stützgeraden. Eine Gerade heißt Stützgerade an eine Figur, wenn mindestens ein Punkt der Geraden Randpunkt der Figur ist und die Figur vollständig in einer abgeschlossenen Halbebene liegt, die durch die Gerade erzeugt wird. Die Breite einer Figur wollen wir als den Abstand zweier verschiedener paralleler Stützgeraden an diese Figur definieren. Eine Figur hat in der Richtung $r$ die Breite $b$, wenn der Abstand von zwei verschiedenen, zu $r$ senkrechten und damit parallelen Stützgeraden $b$ beträgt.

Betrachten wir zur Veranschaulichung ein gleichseitiges Dreieck. Wählt man die Stützgeraden so, dass diese senkrecht zu einer der Dreiecksseiten stehen, so ist die Breite der Figur gleich der Seitenlänge $a$. Legt man jedoch eine Stützgerade so an ein gleichseitiges Dreieck an, dass diese durch eine Dreiecksseite verläuft, dann verläuft die zweite Stützgerade durch den gegenüberliegenden Eckpunkt. Die Breite der Figur entspricht also der Höhe des Dreiecks und ist damit deutlich kleiner als zuvor. Die Breite einer Figur hängt also von der Messrichtung ab.

Als Gleichdick bezeichnen wir nun solche konvexen Figuren, die unabhängig von der Messrichtung immer dieselbe Breite besitzen. Der Kreis, dessen Breite stets dem Durchmesser entspricht, ist damit ein (nicht ganz so spektakuläres) Gleichdick. Doch gibt es außer dem Kreis noch weitere Gleichdicks? Eine erste Idee liefert unsere obige Überlegung zum gleichseitigen Dreieck.

> **Frage**
>
> Ist es möglich aus einem gleichseitigen Dreieck eine geometrische Figur mit konstanter Breite (Gleichdick) zu konstruieren?

Aus den obigen Überlegungen erhält man die Idee, dass die Breite der gesuchten Figur (Gleichdick) der Seitenlänge $a$ des gleichseitigen Dreiecks entsprechen sollte. Das gesuchte Gleichdick erhält man, wenn man die Seiten eines gleichseitigen Dreiecks mit Seitenlänge $a$ durch Kreisbögen mit Radius $a$ ersetzt, deren Mittelpunkte die jeweils gegenüberliegenden Ecken des Dreiecks sind (siehe Abb. 5.1). Das so konstruierte Gleichdick wird als Reuleaux-Dreieck bezeichnet.

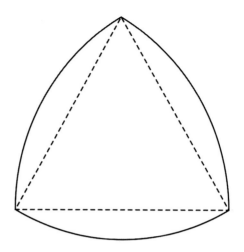

**Abb. 5.1** Konstruktion eines Reuleaux-Dreiecks auf Grundlage eines gleichseitigen Dreiecks

Eine Überprüfung bestätigt die gesuchten Eigenschaften eines Gleichdicks, denn legt man nun zwei parallele Stützgeraden an das Reuleaux-Dreieck an, so verläuft die eine immer durch einen der Kreisbögen und die zweite durch die dem Kreisbogen gegenüberliegende Ecke, also durch den Mittelpunkt des Kreisbogens. Der Abstand der Stützgeraden und damit die Breite des Reuleaux-Dreiecks entspricht demnach immer dem Radius des Kreisbogens, also der Länge einer Dreiecksseite.

Anstelle eines gleichseitigen Dreiecks lässt sich genauso gut ein regelmäßiges Fünfeck als Ausgangsfigur verwenden. Man ersetze nun analog zur Konstruktion des Reuleaux-Dreiecks auch hier die Seiten durch entsprechende Kreisbögen – und fertig ist ein sogenanntes Kreisbogenfünfeck, ein weiteres Gleichdick (siehe Abb. 5.2). Um aus einem Fünfeck ein Gleichdick zu konstruieren, muss dieses nicht einmal regelmäßig sein.

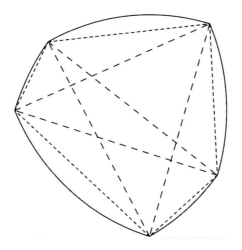

**Abb. 5.2** Konstruktion eines Gleichdicks auf Grundlage eines Fünfecks

Es reicht, dass alle Diagonalen dieselbe Länge besitzen. Für Vielecke mit höherer Eckenzahl greift diese Voraussetzung natürlich nicht mehr. Hier gilt, dass die Diagonalen von den Eckpunkten zu den Endpunkten der jeweils gegenüberliegenden Seite alle dieselbe Länge besitzen müssen.

Kommen wir auf Kathrins britische Münze zu sprechen. Die 20-Pence-Münze (sowie gewisse Hustenbonbons) deuten auf eine weitere Gruppe von Gleichdicks hin: Gleichdicks ohne Ecken. Dazu betrachten wir zunächst wieder ein gleichseitiges Dreieck mit Seitenlänge $a$ (z. B. $a = 3$ cm). Um daraus ein Gleichdick ohne Ecken zu konstruieren, verlängert man die Seiten des Dreiecks über die Eckpunkte hinaus. Jetzt ist jeder Eckpunkt der Mittelpunkt von zwei Kreisbögen mit den Radien $r_1$ und $r_2$. Der Radius $r_1$ ist frei wählbar (z. B. $r_1 = 1$ cm), für Radius $r_2$ gilt dann $r_2 = a + r_1$ (siehe Abb. 5.3).

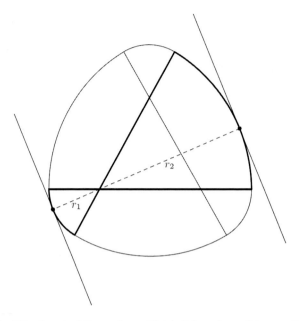

**Abb. 5.3** Konstruktion eines Gleichdicks ohne Ecken mittels zweier Radien

**Zum Selbstforschen**

Konstruiere ein eckenloses Gleichdick auf Grundlage eines gleichseitigen Dreiecks mit Seitenlänge 3 cm (siehe Abb. 5.3) auf Pappkarton. Beachte, dass das eckenlose Gleichdick unter Verwendung der beiden Radien $r_1 = 1$ cm und $r_2 = 4$ cm entsteht. Konstruiere ebenso einen Kreis mit dem Durchmesser $d = 5$ cm auf Pappkarton. Schneide beide Figuren aus und rolle sie zusammen mit einem Lineal über einen Tisch. Vergleiche die Abstände zwischen Tischplatte und Lineal.

Das Experiment verdeutlicht die Eigenschaften der Gleichdicks eindrücklich. Die schon beschriebenen Stützgeraden werden durch die Tischplatte und das Lineal repräsentiert. Werden Pappkreis und Pappgleichdick mit dem Lineal über einen Tisch gerollt, besteht zu jedem Zeitpunkt jeweils Kontakt zwischen den Pappfiguren und dem Lineal bzw. der Tischplatte.

Im Allgemeinen bedeutet das für ein eckenloses Gleichdick, an dem zwei parallele Stützgeraden angelegt werden, dass die Berührungspunkte (von Gleichdick und der jeweiligen Geraden) immer auf einander gegenüberliegenden Kreisbögen mit demselben Mittelpunkt liegen. Die Breite $b$ des eckenlosen Gleichdicks entspricht damit stets der Summe der Kreisbogenradien $b = r_1 + r_2$. Auf die beschriebene Weise lassen sich auch Gleichdicks aus beliebigen Dreiecken bzw. Vielecken (mit ungerader Eckenanzahl) konstruieren. Somit ließe sich auch eine 20-Pence-Münze nachbasteln, wenn man die Breite und die beiden Radien bestimmt.

Im Folgenden wollen wir noch kurz einer Frage nachgehen, die sich womöglich schon aufgedrängt hat. Wie verhält es sich eigentlich mit dem Flächeninhalt und dem Umfang von Gleichdicks? Dazu werden wir zwei Eigenschaften von Gleichdicks anhand von Beispielen untersuchen.

Die erste Eigenschaft ist, dass alle Gleichdicks mit derselben Breite $b$ auch denselben Umfang $u = \pi \cdot b$ besitzen. Für den Kreis ist das wohl offensichtlich, da hier die Breite dem Durchmesser des Kreises entspricht.

Betrachten wir das oben beschriebene Reuleaux-Dreieck mit der Breite $b$. Der Rand der Figur setzt sich aus drei Kreisbögen mit dem Radius $b$ zusammen. Der Umfang $u_{RD}$ des Reuleaux-Dreiecks lässt sich also folgendermaßen berechnen:

$$u_{RD} = 3 \cdot \frac{1}{6} \cdot 2\pi b = \pi \cdot b$$

Umfangsberechnungen an den bisher betrachteten eckenlosen Gleichdicks kann man durch folgende Überlegungen
auf Gleichdicks mit Ecken zurückführen. Wir betrachten
dazu die beiden Kreisbögen $a_1$ und $a_2$ mit den Radien $r_1$
und $r_2$ sowie dem Winkel $\alpha$, wie in der Abb. 5.4 zu sehen ist.
Für die Kreisbögen $a_1$ und $a_2$ gilt:

$$a_1 = \frac{\alpha}{360°} \cdot 2\pi r_1 \text{ bzw. } a_2 = \frac{\alpha}{360°} \cdot 2\pi r_2$$

Die Summe der beiden Kreisbogenlängen wollen wir mit $a$
bezeichnen:

$$a = a_1 + a_2 = \frac{\alpha}{360°} \cdot 2\pi (r_1 + r_2)$$

Die Summe der beiden Kreisbogenlängen entspricht also
der Länge eines Kreisbogens mit dem Radius $r = r_1 + r_2$,
wie in der Abb. 5.4 zu sehen ist.
   Die zweite Eigenschaft von Gleichdicks betrifft den
Flächeninhalt und ist besonders spannend, denn von allen
Gleichdicks mit derselben Breite $b$ besitzt der Kreis den
größten und das Reuleaux-Dreieck den kleinsten Flächeninhalt.

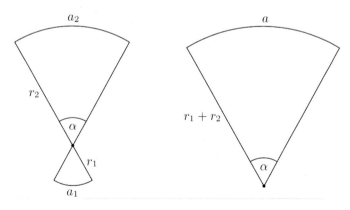

**Abb. 5.4** Zwei Kreisbögen mit einem bzw. zwei Radien mit demselben Winkel

Vergleichen wir den Flächeninhalt des Reuleaux-Dreiecks mit dem des Kreises mit gleicher Breite $b$, fällt auf, dass dieser tatsächlich kleiner ist:

$$A_{RD} = 3 \cdot \frac{1}{6}\pi b^2 - 2 \cdot \frac{1}{2} \cdot \frac{\sqrt{3}}{2}b^2 = \frac{1}{2}\pi b^2 - \frac{\sqrt{3}}{2}b^2 = \left(\frac{\pi - \sqrt{3}}{2}\right)b^2$$

Der Flächeninhalt des Kreises berechnet sich durch:

$$A_K = \frac{\pi}{4}b^2$$

Wegen $\pi < 2\sqrt{3}$ gilt $\left(\frac{\pi - \sqrt{3}}{2}\right) < \frac{\pi}{4}$ und damit $A_{RD} < A_K$.

$$* * *$$

*Kathrin ist begeistert: Sie kann also Fläche und damit Material und Kosten einsparen, ohne unterschiedliche Abstände beachten zu müssen, wenn sie die Kreisfiguren durch Gleichdickfiguren in den Bauplänen ersetzt. Sie erinnert sich, dass Opa Manfred ihr schon mal über Gleichdickkörper berichtet hatte, die er in seiner Zeit als Ingenieur für spezielle Kugellager entwickelt hatte. Materialeinsparung war damals sehr wichtig und Manfred stolz darauf, eine Lösung gefunden zu haben. Hätte Kathrin damals bloß mal besser zugehört, aber er freut sich sicher, wenn sie ihn nochmal deswegen fragt.*

## 5.3 Wie gute Noten zu schlechten Zensuren führen

*Das Schuljahr geht zu Ende und Franz überschlägt seine Zeugnisnoten. In „Geschichte" macht er sich etwas Sorgen, denn bei der letzten Klassenarbeit hatte er einen rabenschwarzen Tag erwischt. Auch bei den anderen schriftlichen*

*Arbeiten lief es nicht immer gut, aber wenigstens seine mündlichen Leistungen stimmen ihn vorsichtig optimistisch. „Da geht bestimmt noch was", denkt sich Franz, denn er weiß, dass die Geschichtsnote Papa besonders wichtig ist. „Vielleicht frage ich mal bei meiner Geschichtslehrerin nach, wie sie die Lage einschätzt." Zum Glück ist Frau Spieß sehr engagiert und nimmt sich gleich am nächsten Tag Zeit für Franz: „Deine Abschlussnote bewegt sich zwischen 2 und 3. Eine letzte mündliche Leistung könnte darüber entscheiden, welche Zensur auf dem Zeugnis stehen wird." „Challenge accepted", denkt sich Franz und beschließt, sich gut auf alles vorzubereiten.*

*An dem entscheidenden Tag ist er wahnsinnig aufgeregt – eigentlich weiß er alles, kann es aber nicht so rüberbringen, wie er sich das vorgestellt hat. „Eine 2 – immerhin. Das müsste doch reichen?" Sofort beginnen Franz und Frau Spieß zu rechnen, doch beide kommen auf dasselbe ernüchternde Ergebnis …*

∗ ∗ ∗

**Frage**

Gegeben sind die Klassenarbeitsnoten 3, 2 und 5. Zusätzlich stehen die sonstigen Leistungen mit 1, 1, 3, 1, 2, 1, 1, 2, 3 zu Buche. Bestimme die Jahresendnote, indem du schrittweise die Mittelwerte bildest und verrechnest. Klassenarbeiten und sonstige Leistungen werden gleich gewichtet (entsprechen also jeweils 50 % der Endnote).

Wie verändert sich die Endnote, wenn eine weitere 2 hinzukommt?

Üblicherweise setzt sich die Jahresendnote (bzw. die Gesamtnote) aus zwei Teilnoten zusammen. Die eine Teilnote wird aus den Klassenarbeiten oder großen schriftlichen Leistungen gebildet, indem der Mittelwert (oder genauer das arithmetische Mittel) bestimmt wird. Für das beschriebene Beispiel ergibt sich:

$$\frac{3+2+5}{3} = 3\frac{1}{3} = 3,\overline{3}$$

Die zweite Teilnote setzt sich aus den sonstigen mündlichen und kleinen schriftlichen Leistungen zusammen. Auch hier wird das arithmetische Mittel gebildet. Für unser Beispiel bedeutet das:

$$\frac{1+1+3+1+2+1+1+2+3}{9} = 1\frac{2}{3} = 1,\overline{6}$$

Beide Teilnoten werden zusammengefasst, indem erneut ein Mittelwert gebildet wird. In den meisten Fällen geht man wie in dem Beispiel von einer Gleichwertigkeit der Teilnoten aus. Eine Gewichtung von 50 : 50 ergibt sich bei der Berechnung des arithmetischen Mittels implizit. Die Jahresendnote im Beispiel lautet also:

$$\frac{3\frac{1}{3} + 1\frac{2}{3}}{2} = 2\frac{1}{2} = 2,5$$

Die Gesamtnote ist also genau 2,5 und liegt damit zwischen 2 und 3. Man möchte meinen, dass eine weitere Anstrengung und eine belohnende 2 einen Ausschlag in die gewünschte Richtung bewirken. Schauen wir uns also an, wie sich die Noten verändern, wenn eine weitere 2 bei den sonstigen Leistungen hinzukommt. An dieser Stelle bietet es sich auch an, die Zahlenwerte in eine Tabellenkalkulation zu überführen. Damit sind Berechnungen wiederholbar und man kann die Auswirkungen der Eingabe verschiedener Noten schnell überprüfen.

Zunächst bestimmen wir die Teilnote der sonstigen Leistungen unter Einbezug der weiteren 2:

$$\frac{1+1+3+1+2+1+1+2+3+2}{10} = 1\frac{7}{10} = 1,7$$

Damit verändert sich die Endnote:

$$\frac{3\frac{1}{3} + 1\frac{7}{10}}{2} = 2\frac{91}{30} = 2,51\overline{6}$$

Also bewirkt die weitere 2 bei den sonstigen Leistungen in diesem Beispiel eine Verschlechterung der Gesamtnote. Das ist ernüchternd. Es ist zu prüfen, ob das nur für dieses Beispiel zutrifft oder ob sich die Beobachtung verallgemeinern lässt.

**Zum Selbstforschen**

Gegeben sind zwei Teilnoten A und B, die jeweils arithmetischen Mitteln einzelner Leistungsnoten entsprechen und zu gleichen Teilen die Gesamtnote G ergeben:

$$A := \frac{a_1 + \cdots + a_n}{n} \text{ und } B := \frac{b_1 + \cdots + b_m}{m}$$

Bestimme den Einfluss einer weiteren Leistungsnote $a_{n+1}$ auf die Gesamtnote G.

Aus mathematischer Sicht ist zunächst abzuklären, welchem Zahlenbereich die einzelnen Leistungsnoten $a_1$ bis $a_n$ und $b_1$ bis $b_m$ angehören. Da es sich um Schulnoten handeln soll, entsprechen diese Werte natürlichen Zahlen zwischen 1 und 6. Zudem wird es sicher nur eine endliche Anzahl an Leistungsnoten geben und daher werden die Anzahlen $n$ und $m$ ebenfalls natürliche Zahlen echt größer null sein. Das ist eine Versicherung für die folgenden Überlegungen und die Zulässigkeit der Termumformungen.

Übertragen auf das beschriebene Beispiel handelt es sich bei der Teilnote $B$ um die Klassenarbeiten, $m$ entspricht hier 3. Die Teilnote $A$ steht für die sonstigen Leistungen mit $n = 9$. Die weitere Leistungsnote wäre $a_{n+1} = 2$.

Allgemein setzt sich die Gesamtnote $G$ wie folgt zusammen:

$$G = \frac{A + B}{2}$$

Wir nehmen an, dass zu der Teilnote $A$ die weitere Leistungsnote $a_{n+1}$ hinzukommt. Das kann mit $\tilde{A} = \frac{a_1 + \cdots + a_{n+1}}{n+1}$ ausgedrückt werden. Die veränderte Gesamtnote wird mit $\tilde{G}$ bezeichnet:

$$\tilde{G} = \frac{\tilde{A} + B}{2}$$

Wir interessieren uns für den Fall, dass die weitere Leistungsnote besser als die Gesamtnote ist, und fragen uns, wann es zu einer Verschlechterung der veränderten Gesamtnote kommt:

$$G < \tilde{G}$$

Jetzt setzt man einfach schrittweise die obigen Definitionen der Gesamt- und Teilnoten ein:

$$\frac{A + B}{2} < \frac{\tilde{A} + B}{2}$$

$$\frac{\frac{a_1 + \cdots + a_n}{n} + \frac{b_1 + \cdots + b_m}{m}}{2} < \frac{\frac{a_1 + \cdots + a_{n+1}}{n+1} + \frac{b_1 + \cdots + b_m}{m}}{2}$$

Die Ungleichung lässt sich schnell vereinfachen:

$$\frac{a_1 + \cdots + a_n}{n} < \frac{a_1 + \cdots + a_{n+1}}{n + 1}$$

Nun gilt es, die Brüche wechselseitig mit den Nennern zu erweitern und teilweise die rechte Seite der Ungleichung auszumultiplizieren:

$$(n + 1) \cdot (a_1 + \cdots + a_n) < n \cdot (a_1 + \cdots + a_n) + n \cdot a_{n+1}$$

Auf beiden Seiten kann $n \cdot (a_1 + \cdots + a_n)$ subtrahiert und $n$ dividiert werden:

$$\frac{a_1 + \cdots + a_n}{n} < a_{n+1}$$

An dieser Stelle erkennt man den entscheidenden Zusammenhang zwischen Teilnote $A$ und der weiteren Leistungsnote:

$$A < a_{n+1}$$

Die Gesamtnote verschlechtert sich also, sobald die weitere Leistungsnote schlechter ist als die zugehörige Teilnote. In unserem obigen Beispiel ist es eventuell schon aufgefallen, dass die weitere 2 eben schlechter ist als die Teilnote der sonstigen Leistungen von $1,\overline{6}$. Die Verschlechterung der Gesamtnote kann also immer dann auftreten, wenn es eine Note gibt, die echt zwischen der entsprechenden Teilnote und der Gesamtnote liegt. Bezogen auf das Beispiel liegt die weitere 2 zwischen $1,\overline{6}$ und $3,\overline{3}$. Wie unsere allgemeinen Überlegungen zeigen, ist das Beispiel kein Einzelfall, sondern die Verschiebung kann auch in anderen Fällen auftreten, wenn die eben formulierte Voraussetzung gilt. Es lassen sich also weitere Beispiele finden.

Bisher sind wir von einer Gleichwertigkeit der Teilnoten ausgegangen ($50 : 50$). Wenn man über andere Gewichtungen nachdenkt (z. B. $60 : 40$), kann man Vorfaktoren vor den Teilnoten $A$ und $B$ in den obigen Gleichungen ergänzen. Es ist einsichtig, dass die Umformungen sich nur leicht anpassen werden. Der finale Schluss ist der gleiche. Die Gewichtung ist lediglich dafür verantwortlich, wie stark der Einfluss auf die Gesamtnote ist. Ist die Differenz zwischen $A$ und $a_{n+1}$-klein oder $n + 1$

-groß, wird die Gesamtnote durch die weitere Leistungs-note nur leicht verändert. Wie im Beispiel gezeigt, reicht dies allerdings aus, wenn durch Rundung die Endnote bestimmt wird.

\* \* \*

*Franz ist entsetzt, seine ganze Mühe scheint vergebens gewesen zu sein. Auch seine Geschichtslehrerin Frau Spieß ist mehr als verwundert. Zum Glück haben Lehrkräfte bei so knappen Entscheidungen etwas Spielraum und können pädagogische Abwägungen treffen. In diesem Fall scheint es nicht sinn-voll, auf den strengen Gesetzen der Mathematik zu beharren. Franz bekommt aufgrund seines Einsatzes und der gezeigten Leistung final eine 2 auf dem Zeugnis.*

*Mit dieser frohen Kunde stürmt er nach Hause und geht gezielt zu seinem Vater ins Arbeitszimmer, um ihn über die Geschichtsnote zu informieren. Jens ist stolz auf seinen Sohn und gemeinsam diskutieren sie die historischen Ereig-nisse, über die Franz in seiner letzten mündlichen Leistung berichtete.*

## Literatur

Geitel, L. (2014). Gleichdicks – Figuren konstanter Breite. *Die Wurzel, 48*(6), 146–150.

Schwarz, S. (2017). Notenparadoxon. In A. Blinne, M. Müller, & K. Schöbel (Hrsg.), *Was wäre die Mathematik ohne die Wurzel?* (S. 201–204) Springer.

# 6

## Bad

Forschungsspaziergänge zu Hause – Alltägliche
mathematische und naturwissenschaftliche Entdeckungen

## 6.1 Ist zweimal das Gleiche doppelt so viel?

*„Was soll denn das sein?"* Misstrauisch schaut Franz auf den
kleinen grün-braunen Kunststoffbeutel in seiner Hand. *„Du
weißt doch ganz genau, welches Shampoo ich immer nehme."*
*„Lieber Sohn, sei froh, dass ich hier jede Woche den Einkauf
mache",* erwidert Papa trocken. *„Nebenbei bemerkt hatten
wir doch gerade letzte Woche die Diskussion beim Abend-
brot, als du dich über den ganzen Müll beschwert hast, den
die Menschen hinterlassen. Das hier ist vegan und $CO_2$-
neutral produziert, der Behälter ist biologisch abbaubar und
außerdem ist es ein Konzentrat zum Verdünnen, um Ver-
packung zu sparen. Und dein Haar wird auch so perfekt*

© Springer-Verlag GmbH Deutschland, ein Teil von Springer
Nature 2022
M. Müller und C. Walther, *Forschend durch Haus und Garten*,
https://doi.org/10.1007/978-3-662-64664-9_6

*sitzen." Papa grinst, als Franz die Hinweise auf der Packung aufmerksam studiert. „Hier steht ‚ergibt die doppelte Menge‘. Heißt das jetzt, ich muss die gleiche Menge Wasser dazugeben?" „Vermutlich, keine Ahnung. Du bist doch schon groß, probier es einfach aus", sagt Papa, der noch die restlichen Sachen wegräumen will. Franz schnappt sich einen Messbecher und eine leere Shampooflasche. Fünf Minuten später kommt er stirnrunzelnd zurück. „Von wegen doppelte Menge. Es waren 100 ml in dem Beutel und ich habe 100 ml Wasser dazugetan – aber das hier sind definitiv keine 200 ml Shampoo …"*

∗ ∗ ∗

Ob Shampoo oder Limonade – viele Flüssigkeiten sind Gemische aus verschiedenen Stoffen. Da das Mischen oder Auflösen von Stoffen ein ganz alltäglicher Vorgang ist, etwa wenn wir Honig in den Tee rühren, nehmen wir uns selten Zeit, genau zu schauen, was da eigentlich passiert. Vor allem wenn verschiedene Flüssigkeiten gemischt werden, kann es allerdings zu interessanten Phänomenen kommen, die wir genauer untersuchen sollten.

> **Frage**
>
> **Was passiert, wenn zwei unterschiedliche Flüssigkeiten gemischt werden?**

Um zu untersuchen, wie sich flüssige Stoffe mischen, müssen wir zunächst geeignete Flüssigkeiten auswählen. Beim Zubereiten von Salatdressing hast du vielleicht schon mal beobachtet, dass sich Wasser und Öl nur sehr schlecht verrühren lassen. Das liegt an dem unterschiedlichen chemischen Aufbau der Wasser- beziehungsweise Ölmoleküle und damit an ihrem unterschiedlichen chemischen Verhalten. Eine wesentliche Eigenschaft von Molekülen ist deren Polarität, d. h. ob ein Molekül einen positiv und einen negativ geladenen Pol hat. Polare Stoffe – wie Wasser – mischen sich gut mit anderen polaren Stoffen wie Zucker oder Alkohol. Öl als unpolarer Stoff mischt sich nur in anderen unpolaren Stoffen, weshalb sich Ölflecken z. B. gut mit Waschbenzin oder Terpentin entfernen lassen. Für unseren Versuch benötigen wir also eine Flüssigkeit, die polar ist und sich daher gut mit Wasser vermischt.

**Zum Selberforschen**

- Zwei gleiche schmale zylindrische Gläser
- Waage
- Wasserfester Stift
- Wasser
- Teelöffel
- Brennspiritus
- Flüssigwaschmittel

Da wir die Volumina der Flüssigkeiten genau messen wollen, brauchen wir dafür geeignete Messgefäße, die wir uns aus zwei Gläsern selber herstellen. Die Gläser sollten möglichst hoch und schmal sein, damit wir Unterschiede im Flüssigkeitsstand genau erkennen können (siehe Abb. 6.1).

Wir stellen ein Glas auf die Waage und drücken die Tara-Taste, sodass die Anzeige auf „0" steht. Dann wiegen wir genau 25 g Wasser ab, wobei wir die letzten Milliliter tropfenweise zugeben. Die Höhe des Füllstandes markieren wir mit einem Strich. Dann wiegen wir weitere 25 g Wasser dazu und markieren die Füllhöhe mit einem zweiten Strich. Da die Dichte von Wasser bei Raumtemperatur annähernd 1 g/ml beträgt, haben wir uns einen Messbecher hergestellt, mit dem wir ziemlich genau

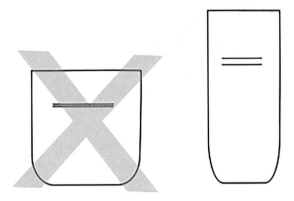

**Abb. 6.1** Hohe Gefäße sind zum exakten Abmessen besser geeignet

25 bzw. 50 ml Flüssigkeit abmessen können. Ebenso verfahren wir mit dem zweiten Glas.

In eines unserer Messgefäße füllen wir 25 ml Wasser, in das andere 25 ml Brennspiritus. Anschließend gießen wir den Brennspiritus zum Wasser hinzu und schwenken das Glas vorsichtig, sodass sich beide Flüssigkeiten vermischen. Wenn wir nun genau auf die Füllhöhe schauen, werden wir feststellen, dass die Flüssigkeitsmenge nicht etwa 50 ml beträgt, sondern etwas geringer ist. Offensichtlich „verschwindet" etwas von dem Volumen. Dieser Effekt tritt auf, wenn zwei Flüssigkeiten gemischt werden, deren Moleküle beide polar sind, sich aber in ihrer Größe unterscheiden. Dann „rutschen" die kleinen Moleküle in die Lücken zwischen den großen Molekülen, sodass sie insgesamt weniger Raum einnehmen (siehe Abb. 6.2). Du kannst das modellhaft gut nachvollziehen, wenn du Kugeln unterschiedlicher Größe zusammenschüttest, z. B. getrocknete Erbsen (groß) und Senfkörner (klein). Die Senfkörner füllen den Raum zwischen den Erbsen

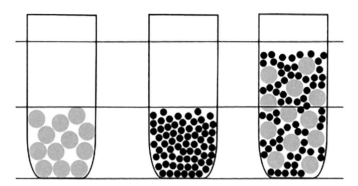

**Abb. 6.2** Volumenverringerung beim Mischen von Flüssigkeiten. In dieser Darstellung sind die Teilchen modellhaft vergrößert. Tatsächlich bestehen 25 ml Wasser aus etwa 836 Trilliarden Wassermolekülen – deutlich mehr, als wir in der Grafik zeigen können

aus, sodass sich das Volumen der beiden „Zutaten" nicht addiert, sondern in der Summe etwas weniger ist.

Auch Franz hat diese Beobachtung gemacht, als er erstaunt feststellte, dass 100 ml Shampookonzentrat und 100 ml Wasser eben etwas weniger als 200 ml Shampoo ergeben. Du kannst das selber mit Flüssigwaschmittel ausprobieren, das – wie andere Waschmittel, Shampoos oder Duschbäder – sogenannte Tenside enthält. Das sind große Moleküle, die sowohl einen polaren als auch einen unpolaren Teil haben. Im Flüssigwaschmittel sind diese Tenside sehr konzentriert. Wenn wir Wasser dazugeben, dann „drängeln" sich die kleinen Wassermoleküle zwischen die großen Tensid-Moleküle und wir beobachten hier – wie beim Brennspiritus auch – eine Verringerung des Volumens in der Mischung.

Der Effekt hängt von der Waschmittelsorte und dem Tensidgehalt ab und ist unter Umständen nicht besonders groß. Daher benötigen wir genaue Messgefäße, um die

Volumenverringerung beim Mischen von Flüssigkeiten zu beobachten.

*** * ***

*Franz schaut etwas ratlos auf die Shampooflasche. Soll er sie jetzt noch auf 200 ml auffüllen? „Papa …?" „Ach komm, Franz, jetzt mach keine Wissenschaft draus." Doch Franz denkt sich, vermutlich ist es genau das – Wissenschaft.*

**Und nun noch einmal ganz genau …**
Beim Mischen von Stoffen kann es zur „Volumen-kontraktion" kommen. Dies passiert vor allem, wenn polare Stoffe gemischt werden, deren Molekülgröße sich deutlich unterscheidet. Die Polarität eines Stoffes hängt von dessen chemischer Struktur ab. Wenn in einem Molekül die chemischen Bindungen nicht gleichmäßig zwischen den Bindungspartnern verteilt sind, kommt es zur Ladungsverschiebung: Ein Teil des Moleküls ist negativ geladen, der andere positiv. Das Wassermolekül ist das bekannteste Beispiel für einen solchen chemischen „Dipol", und tatsächlich ist Wasser auch das wichtigste polare Lösemittel. Da Wassermoleküle zudem sehr klein sind, lagern sie sich beim Mischen mit anderen polaren Flüssigkeiten dicht um die größeren Moleküle, sodass sich die Molekülabstände insgesamt verringern und damit das Volumen der Mischung kleiner wird.

Beim Mischen von Ethanol und Wasser ist dieser Effekt besonders augenfällig: In der Mischung von 50 ml Wasser und 50 ml Ethanol beträgt das Mischungsvolumen lediglich 96 ml. Daher ist Brennspiritus, der mindestens 96 % Ethanol enthält, auch gut geeignet, um den Versuch selbst einmal durchzuführen. Voraussetzung ist allerdings ein genaues Messgefäß, in dem die Volumenänderung auch sichtbar wird.

Da beim Mischen von Ethanol und Wasser sich zwar die Massen, aber eben nicht die Volumina addieren, muss bei Wasser-Ethanol-Gemischen immer angegeben werden, ob sich das Mischungsverhältnis auf das Volumen oder die Masse bezieht. Bei Spirituosen, die ja im Wesentlichen ein Gemisch aus Wasser, Ethanol (Alkohol), Zucker, Farbstoffen und Aromen in unterschiedlicher Zusammensetzung sind, ist es üblich, den Alkoholgehalt in Volumenprozenten (Vol.-% oder % v/v) anzugeben. Mit unserem Wissen um die Volumenkontraktion ist es aber offensichtlich, dass der Alkoholgehalt bezogen auf die Masse (% m/m) etwas geringer ist als der Alkoholgehalt in Volumenprozenten. So enthalten 100 g Rum mit seinen 54 % v/v tatsächlich „nur" etwa 48 g reinen Alkohol.

**Zum Weiterforschen**

Untersuche bei anderen Flüssigkeiten, ob es hier auch zu einer Verringerung des Mischungsvolumens kommt. Du kannst z. B. Zuckerrübensirup, Duschbad oder Fensterreiniger mit Wasser mischen.

Wiege die Flüssigkeiten vor und nach dem Mischen. Ändert sich auch deren Masse beim Mischen?

# 6.2  Das Geheimnis der Wandfliesen

*Nach einer Idee von Dr. Carsten Müller, Carl-Zeiss-Gymnasium Jena*

*Endlich hat Luisa das Badezimmer ganz für sich allein, sogar mehrere Stunden lang. Mit Entspannungsmusik, Gesichtsmaske und extra großer Badekugel lässt sie sich in die Wanne sinken und betrachtet das Fliesenmuster an der großen Badezimmerwand. Beim Hausumbau hat Mama die bunten Kacheln selbst angebracht und ihr später erzählt, dass sich hinter dem Muster ein Rätsel verbirgt. Seit Luisa denken kann, ist sie von der Geschichte des „geheimen Musters" fasziniert und zugleich immer ein bisschen ärgerlich, dass es ihr bislang nicht gelungen ist, die Lösung zu finden. Die goldgelben Kacheln haben ihr immer schon am besten gefallen. Es sind zwar nur 25, aber sie fallen zwischen den vielen Blautönen besonders auf. Einige Kacheln sind in Quadraten angeordnet, aber es gibt auch große Flächen, die eher wie Treppen aussehen. Obwohl Luisa eigentlich entspannen will, packt sie doch wieder die Neugier und sie beschließt, die Sache heute systematisch anzugehen: Wie viele blaue Kacheln sind es eigentlich? Und was hat es mit den seltsamen Treppen auf sich? Wenn man sich das Ganze nun als Puzzle vorstellte, dann könnten doch die dunkelblauen Puzzleteile vielleicht zusammenpassen …*

* * *

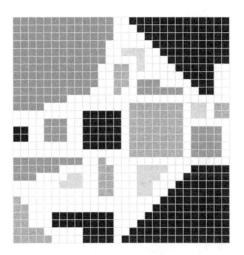

**Abb. 6.3**  Das Geheimnis der Wandfliesen

Wenn wir mit Luisa das Geheimnis der Wandfliesen (Abb. 6.3) lösen, finden wie eine überraschende Antwort auf eine seltsam anmutende Frage:

**Frage**

**Kann man mathematische Gleichungen ohne Zahlen darstellen?**

Beginnen wir zunächst wie Luisa damit, die Kacheln zu zählen, und notieren wir uns die Anzahl der jeweiligen Farben (siehe Tab. 6.1).

Drei der vier notierten Ergebnisse sind Quadratzahlen. Wenn die farbigen Flächen, wie Lisa vermutet, Puzzleteile sind, lassen diese sich ja vielleicht zu Quadraten zusammenlegen ...

**Zum Selberforschen**

Kopiere Abb. 6.3 oder zeichne das Muster ab. Schneide alle Teile aus und lege gleichfarbige Teile zu Quadraten zusammen.

Die goldgelben Kacheln können wir zu einem $5 \times 5$-Quadrat zusammenlegen (siehe Abb. 6.4).

Vielleicht hast du aber auch eine ganz andere Lösung gefunden und zunächst zwei kleinere Quadrate entdeckt (siehe Abb. 6.5).

**Tab. 6.1**   Anzahl der Kacheln nach Farben

| Farbe | Anzahl |
|---|---|
| Goldgelb | 25 |
| Dunkelblau | 225 |
| Hellblau | 169 |
| Graublau | 85 |

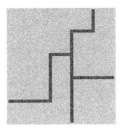

**Abb. 6.4**   5 × 5-Quadrat

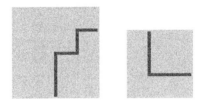

**Abb. 6.5**   3 × 3- und 4 × 4-Quadrate

Wir haben also zwei kleine Quadrate, deren Fläche zusammen ein großes Quadrat bildet. Und da wir wissen, wie viele Fliesen für die jeweiligen Quadrate benötigt werden, können wir diesen Zusammenhang mathematisch beschreiben:

$$3 \cdot 3 + 4 \cdot 4 = 5 \cdot 5$$

Bekannt ist diese Gleichung auch als „pythagoreisches Zahlentripel", denn es ist eine ganzzahlige Lösung für den Satz des Pythagoras:

$$a^2 + b^2 = c^2$$

Wenn wir die drei Quadrate mit den Ecken aneinanderlegen, ergibt sich in der Mitte ein rechtwinkliges Dreieck (siehe Abb. 6.6).

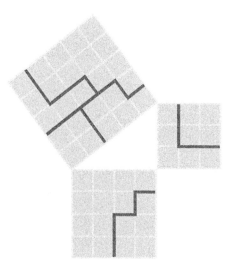

**Abb. 6.6** Satz des Pythagoras

Das hellblaue Puzzle ist schon etwas kniffliger, aber die Lösung in Abb. 6.7 ist recht schnell gefunden.

Die 169 Kacheln sind ein starker Hinweis darauf, dass sich noch ein größeres Quadrat legen lässt; und tatsächlich können wir aus den drei kleinen Quadraten ein $13 \times 13$-Quadrat bilden (siehe Abb. 6.8).

Durch das Auszählen der einzelnen Quadrate finden wir folgende schöne Gleichung:

$$3^2 + 4^2 + 12^2 = 13^2$$

Nun ist es kaum mehr überraschend, dass sich auch das dunkelblaue Puzzle zu mehreren kleinen Quadraten (siehe Abb. 6.9) oder einem großen Quadrat (siehe Abb. 6.10) zusammenfügt. Am leichtesten finden wir beide Varianten, indem wir die zwei Treppenteile um eine Stufe gegeneinander verschieben.

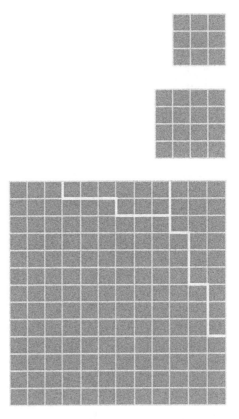

**Abb. 6.7**   Hellblaues Puzzle, drei kleine Quadrate

Wie schon beim hellblauen Puzzle ergibt hier die Summe dreier Quadratzahlen wieder eine Quadratzahl:

$$2^2 + 5^2 + 14^2 = 15^2$$

Aus dem graublauen Puzzle können wir offensichtlich kein Quadrat legen, schließlich ist 85 ja keine Quadratzahl. Doch beim Versuch, alle vorhandenen Teile zu Quadraten

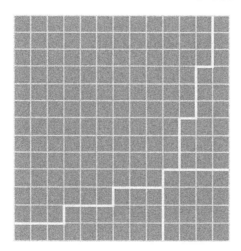

**Abb. 6.8** Hellblaues Puzzle, 13 × 13-Quadrat

zusammenzulegen, finden sich tatsächlich wieder zwei Lösungen (siehe Abb. 6.11 und 6.12).

Die mathematische Beschreibung des Puzzles sieht diesmal etwas anders aus: Auf beiden Seiten der Gleichung steht eine Summe von Quadratzahlen.

$$9^2 + 2^2 = 6^2 + 7^2$$

Gleichungen, bei denen die Summe mehrerer Quadratzahlen wieder eine Quadratzahl ergibt, zählt man auch zu den „Diophantischen Gleichungen". Das sind Gleichungen, in denen nur ganze Zahlen vorkommen und die auch nur ganzzahlige Lösungen haben. Man sie nach Diophantos von Alexandria benannt, der als einer der bedeutendsten Mathematiker der Antike gilt. Gleichungen, die er in seiner „Arithmetica" aufgeschrieben hatte, inspirierten Pierre de Fermat im 17. Jahrhundert zu seinem „Großen Fermatschen Satz", der lange als ein

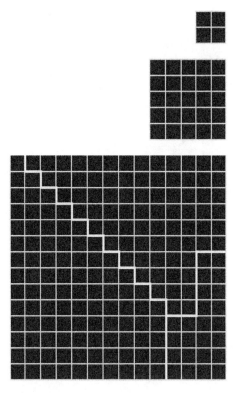

**Abb. 6.9** Dunkelblaues Puzzle, drei Quadrate

„unlösbares Problem" galt und erst mehr als 300 Jahre später bewiesen wurde.

\* \* \*

*Ganz so lange haben Luisa und wir nicht gebraucht, um das Rätsel der Wandfliesen zu lösen. Doch es bleibt ja noch eine Menge zum Weiterknobeln…*

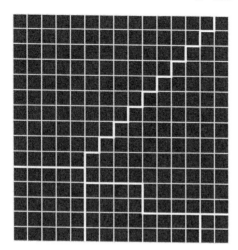

**Abb. 6.10**   Dunkelblaues Puzzle, 15 × 15-Quadrat

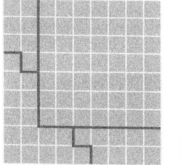

**Abb. 6.11**   Graublaues Puzzle, Lösung 1

## Zum Weiterforschen

Findest du weitere pythagoreische Zahlentripel, also ganz-zahlige Lösungen der Gleichung

$a^2 + b^2 = c^2$?

Findest du eine andere Möglichkeit, ein 5 × 5-Quadrat in vier Teile zu zerlegen, aus denen man ein 3 × 3- und ein 4 × 4-Quadrat bilden kann?

(Hinweis: Es gibt mindestens drei weitere Lösungen, darunter eine, die nur aus Rechtecken besteht.)

## 6.3 Schleim – ganz sauber!

*Es ist Samstagvormittag und Franz muss den Badezimmerschrank aufräumen: Shampoo, Duschbad, Zahnpasta – alles liegt unsortiert darin herum und einiges davon ist schon fast leer. Als er die Regalfächer leer räumt, fragt sich Franz, wer eigentlich den Holzleim dort hineingestellt hat, und stellt sich grinsend vor, was wohl passierte, wenn Mama ihn mit der Reinigungsmilch verwechseln würde.*

*Bastelkleber, Rasierschaum, Kontaktlinsenflüssigkeit … letztens hat ihm doch seine Schwester ein Video zu „Schleim selber machen" gezeigt – mit genau diesen Zutaten! Franz beschließt also, dass Experimentieren viel mehr Spaß macht*

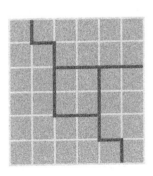 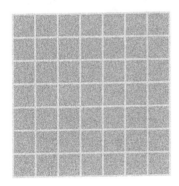

**Abb. 6.12** Graublaues Puzzle, Lösung 2

*als Aufräumen, lässt den Badschrank halb leer geräumt zurück und probiert stattdessen ein Rezept aus, das einen schönen „fluffigen" Schleim ergeben soll.*

∗ ∗ ∗

Während du deinen eigenen Schleim herstellst, können wir gemeinsam über folgende Frage nachdenken:

**Frage**
**Woran erkennt man eigentlich chemische Reaktionen?**

Die Zutaten für unsere chemische Reaktion sind größtenteils im Badezimmer zu finden, nur der Holzleim muss vielleicht noch aus der Bastelwerkstatt geholt werden.

**Zum Selberforschen**
- Flache Schüssel oder Schale
- 1 Messbecher, z. B. vom Flüssigwaschmittel
- 2 Hände voll Rasierschaum
- 40 ml Holzleim, lösemittelfrei und wasserlöslich
- Kontaktlinsenflüssigkeit
- Großer Kunststofflöffel

Fülle den Rasierschaum in die Schale und rühre den Holzleim mit dem Löffel zügig unter.

Gib tropfenweise Kontaktlinsenflüssigkeit dazu, bis das Gemisch fester wird, und knete mit den Händen weiter, bis sich der Schleim vom Schüsselrand löst.

Der Schleim kann nach Belieben mit Glitzer, Lebensmittelfarbe, Perlen oder anderen Dingen verschönert werden, die in Küche und Bastelkeller zu finden sind.

Die Faszination, die von dieser zugleich festen wie formbaren Masse ausgeht, gibt uns Anlass, genauer darüber nachzudenken, was eigentlich in unserer Schüssel passiert ist. Wir haben verschiedene Stoffe mit unterschiedlichen Eigenschaften zusammengerührt und am Ende einen Stoff mit ganz anderen Eigenschaften erhalten. Die Stoffe haben sich nicht einfach nur vermischt, denn der Schleim ist viel fester als die flüssigen Ausgangsstoffe oder der Rasierschaum.

In der Schüssel hat also eine chemische Reaktion stattgefunden, in der die Ausgangsstoffe ihren chemischen Aufbau ändern und daraus andere Stoffe, die Reaktionsprodukte, entstehen. Wichtigstes Merkmal einer chemischen Reaktion ist nämlich genau diese Veränderung der Eigenschaften der an der Reaktion beteiligten Stoffe.

Schauen wir uns unsere „Ausgangsstoffe" genauer an:

Wichtigste Zutat ist der Holzleim. Klebstoffe müssen „Alleskönner" sein: Sie sollen eine gute Haftkraft mit den zu klebenden Oberflächen aufweisen (Adhäsion), gleichzeitig aber auch innere Festigkeit besitzen (Kohäsion). Klebstoffe bestehen daher aus sehr langen Molekülketten, die in einem Lösemittel verteilt sind. Wenn der Klebstoff trocknet, binden sich die Molekülketten fest aneinander. Damit dies nicht schon im flüssigen Kleber passiert, ist das Lösemittel leicht sauer. Dadurch sind die Klebstoffmoleküle positiv geladen und stoßen sich gegenseitig ab.

Der Rasierschaum ist ein Stoffgemisch aus Seife und Treibgas, dazu kommen noch Duft- und Pflegestoffe, die aber für uns hier nicht von Interesse sind. In unserem Schleim sorgt der Rasierschaum für die nötige „Fluffigkeit", indem er viele kleine Gasbläschen in unser Reaktionsgemisch hineinbringt. Seifen oder Tenside sind Stoffe, die sich gut mit Fett und Wasser mischen. Sie machen den Rasierschaum leicht basisch.

Auch die Kontaktlinsenflüssigkeit ist wie unsere Tränen-flüssigkeit ganz leicht basisch.

Wenn Rasierschaum und Kontaktlinsenflüssigkeit mit dem Holzleim vermengt werden, ist dieser nicht mehr sauer. Die Klebstoffmoleküle ändern ihre Ladung und stoßen sich nicht mehr ab, sondern binden sich fest aneinander. Die einzelnen Moleküle ballen sich zu einem großen Knäuel zusammen. Chemische Reaktionen ändern also den Aufbau von Molekülen. Damit ändern sich auch ihre Eigenschaften. Diese Veränderung können wir mit bloßem Auge sehen, wenn der Holzleim zusammen-klumpt.

**Und nun noch einmal ganz genau …**

Selbst hergestellter Schleim ist für Kinder und Erwachsene gleichermaßen faszinierend. Die ungewöhnlichen Eigen-schaften des Materials regen zum Hantieren und Nach-denken an, denn man hält die chemische Reaktion förmlich in den eigenen Händen.

Der handelsübliche „wasserlösliche lösemittelfreie" Holzleim enthält als wichtigsten Bestandteil Polyvinyl-acetat (PVA). PVA ist ein Makromolekül und praktisch wasserunlöslich, weshalb der Begriff „wasserlöslicher Leim" eigentlich so nicht stimmt. Holzleim ist vielmehr eine Dispersion, d. h., die PVA-Moleküle sind darin fein verteilt, aber eben nicht gelöst (dann wäre der Leim klar). Um die Dispersion stabil zu halten und damit sich die PVA-Makromoleküle nicht aneinanderbinden, ist das wässrige Dispersionsmedium leicht sauer (pH-Wert von 4 bis 5). Durch den Überschuss an Wasserstoffionen sind die Klebstoffmoleküle positiv geladen und stoßen sich gegen-seitig ab.

Wenn durch Zugabe des Rasierschaums bzw. der Kontaktlinsenflüssigkeit der pH-Wert angehoben wird, sind die PVA-Moleküle nicht länger positiv geladen und binden sich aneinander – aus flüssigen Zutaten wird ein fester Stoff.

$$* * *$$

*Eine halbe Stunde mischen Tilla, Luisa und Franz immer mehr Schleim. „Mama, Papa, kommt mal her, schnell!" Fragend schaut Karin ins Badezimmer hinein. „Was habt ihr mit Papas Rasierschaum gemacht? Der war nicht gerade billig." Doch so richtig sauer kann sie angesichts dreier begeisterter Kinder nicht sein. „Ich mochte den Duft sowieso nicht besonders … zeigt mal her." Karin nimmt Luisa den Schleim aus der Hand und knetet ihn vorsichtig. „Faszinierend … aber ums Aufräumen kommt ihr trotzdem nicht herum."*

---

**Zum Weiterforschen**

Teste verschiedene Klebersorten (Holzleim, Bastelleim, Kaltleim etc.).

Verwende Flüssigwaschmittel und/oder Natron-Lösung statt Kontaktlinsenflüssigkeit.

Variiere die Menge an Rasierschaum.

Dokumentiere dabei deine Rezepturen und die Eigenschaften der entstandenen Schleimmischungen.

---

# 7

# Wohnzimmer

Forschungsspaziergänge zu Hause – Alltägliche
mathematische und naturwissenschaftliche Entdeckungen

## 7.1 „Monopoly"

*Es ist ein regnerischer Sonntag und Oma Erika kommt
zu Besuch. Luisa kramt in der Spieleschublade der alten
Kommode im Wohnzimmer. An Tagen wie diesen wird
oft ein spannendes Brettspiel daraus hervorgezaubert und
gespielt. Jedes Familienmitglied hat sein absolutes Lieblings-
spiel. Daher gibt es immer eine kleine Diskussion, welches
Spiel gespielt wird. Wenn Oma zu Besuch kommt, ist es fast
schon Tradition, dass „Monopoly" ausgewählt wird. Oma
Erika ist ein großer Fan dieses Spiels. Es begleitet sie schon
ihr ganzen Leben. Sie erzählt gern Geschichten zu dem Spiel
aus ihrer Jugend. Luisa und Oma Erika nehmen das Spiel-
brett zur Hand und schauen es sich dieses Mal ganz genau*

© Springer-Verlag GmbH Deutschland, ein Teil von Springer
Nature 2022
M. Müller und C. Walther, *Forschend durch Haus und Garten*,
https://doi.org/10.1007/978-3-662-64664-9_7

*an, denn Luisa beschwert sich, dass sie meistens auf Omas Straßenzügen landet, aber niemand bei ihren Straßen vorbeikommt. Kein Wunder, dass Oma das Spiel so gern spielt! Franz pflichtet Luisa bei und erklärt, dass auch er das Gefühl hat, dass einige Straßen öfter als andere besucht werden.*

* * *

Das Spiel „Monopoly" wird seit 1936 in den USA und Deutschland verlegt. Es ist damit über 80 Jahre alt und man zählt mittlerweile über 1000 Varianten (Müller & Thiele, 2021). Bei „Monopoly" bewegt man seine Spielfigur über das Spielfeld und kann, wenn man auf entsprechenden Feldern landet, die Straßen kaufen. Wenn man einen ganzen Straßenzug besitzt, kann man dort auch Häuser bauen. Mitspieler, die auf fremden Straßen landen, müssen Miete bezahlen. Je mehr Häuser auf den Straßen stehen, desto mehr Miete wird fällig. Der Spielplan von „Monopoly" umfasst 40 Felder, die in einem Quadrat zu zehn Feldern pro Seite angeordnet sind. Gespielt wird mit zwei (sechsseitigen) Würfeln. Alle Figuren starten auf dem Feld „LOS". Die Figur, die am Zug ist, wird um die Summe der Augenzahlen beider Würfel bewegt.

## Frage

**Werden beim Gesellschaftsspiel „Monopoly" bei einem langen Spielverlauf einige Felder häufiger besucht als andere?**

Zunächst fällt gemäß den geschilderten Spielregeln auf, dass die Zuglänge beim Spiel „Monopoly" nicht gleich wahrscheinlich sein kann. Ein Zug hat mindestens die Länge 2 und höchstens die Länge 12. Alle denkbaren Ereignisse der Augenzahlen beim Würfeln mit zwei

Würfeln sowie die Summen ihrer Augenzahlen werden in Abb. 7.1 übersichtlich dargestellt.

Es gibt 36 mögliche Ereignisse, wie die beiden Würfel fallen können. Auf den Diagonalen von links unten nach rechts oben befinden sich die die verschiedenen günstigen Ereignisse für die jeweiligen Summen der Augenzahlen (also der Zuglängen). Es ergeben sich unmittelbar die Anzahlen an günstigen Ereignissen. Damit lassen sich schnell die jeweiligen Wahrscheinlichkeiten des Auftretens einer jeden Augensumme (daher der Zuglängen) berechnen. Da wir mit den Werten weiterarbeiten wollen, übertragen wir sie in eine weitere Tabelle (siehe Abb. 7.2).

Man kann z. B. erkennen, dass das Ereignis der Zuglänge 4 die Wahrscheinlichkeit von $\frac{1}{12}$ besitzt, da es eben 36 mögliche Ereignisse und drei günstige Ereignisse gibt, bei denen die Summe der Augenzahlen 4 entspricht. Interessant für unsere Fragestellung ist die im Mittel zu erwartende Zuglänge, mit der eine Figur im Spiel voranschreitet. Diese lässt sich berechnen, indem man jede Augensumme mit der entsprechenden Wahrscheinlichkeit multipliziert und

| Würfel 1 | 1 | 2 | 3 | 4 | 5 | 6 | Summe |
|---|---|---|---|---|---|---|---|
| Würfel 2 | Summe | 2 | 3 | 4 | 5 | 6 | 7 |
| 1 | [1,1] | [2,1] | [3,1] | [4,1] | [5,1] | [6,1] | 8 |
| 2 | [1,2] | [2,2] | [3,2] | [4,2] | [5,2] | [6,2] | 9 |
| 3 | [1,3] | [3,3] | [3,3] | [4,3] | [5,3] | [6,3] | 10 |
| 4 | [1,4] | [4,4] | [3,4] | [4,4] | [5,4] | [6,4] | 11 |
| 5 | [1,5] | [5,5] | [3,5] | [4,5] | [5,5] | [6,5] | 12 |
| 6 | [1,6] | [6,6] | [3,6] | [4,6] | [5,6] | [6,6] | # 36 |
| Würfel 1 | 1 | 2 | 3 | 4 | 5 | 6 | Summe |

**Abb. 7.1** Die 36 Elementarereignisse beim Würfeln mit zwei Würfeln. Zusätzlich sind die Summen der Augenzahlen eingetragen und die jeweiligen günstigen Ereignisse farblich zugeordnet. Diese befinden sich auf den Diagonalen, von links unten nach rechts oben gelesen. Gleiche Farben symbolisieren gleiche Wahrscheinlichkeiten

| Augensumme | 2 | 3 | 4 | 5 | 6 | 7 | 8 | 9 | 10 | 11 | 12 |
|---|---|---|---|---|---|---|---|---|---|---|---|
| Anzahl an günstigen Ereignissen | 1 | 2 | 3 | 4 | 5 | 6 | 5 | 4 | 3 | 2 | 1 |
| Wahrscheinlichkeit | $\frac{1}{36}$ | $\frac{1}{18}$ | $\frac{1}{12}$ | $\frac{1}{9}$ | $\frac{5}{36}$ | $\frac{1}{6}$ | $\frac{5}{36}$ | $\frac{1}{9}$ | $\frac{1}{12}$ | $\frac{1}{18}$ | $\frac{1}{36}$ |

**Abb. 7.2** Die Augensummen zweier Würfel mit der jeweiligen Anzahl an günstigen Ereignissen sowie der resultierenden Wahrscheinlichkeit des Auftretens. Die Summen der Augenzahlen und die jeweiligen günstigen Ereignisse sind farblich markiert. Gleiche Farben symbolisieren gleiche Wahrscheinlichkeiten

anschließend aufaddiert. Diese Berechnung entspricht dem mathematischen Begriff des Erwartungswertes:

$$\frac{1}{36} \cdot 1 + \frac{1}{18} \cdot 2 + \frac{1}{12} \cdot 3 + \frac{1}{9} \cdot 4 + \frac{5}{36} \cdot 5 +$$
$$\frac{1}{6} \cdot 7 + \frac{5}{36} \cdot 8 + \frac{1}{9} \cdot 9 +$$
$$\frac{1}{12} \cdot 10 + \frac{1}{18} \cdot 11 + \frac{1}{36} \cdot 12 = 7$$

Im Mittel wird man also sieben Felder pro Zug überspringen. Wie eingangs beschrieben, beginnen alle Spieler auf dem Feld „LOS". Von da an kann man in 7er-Schritten um das Spielfeld wandern.

**Zum Selberforschen**
Setze in 7er-Schritten Spielfiguren auf das „Monopoly"-Spielfeld. Beginne bei „LOS". Beachte die Regel für das Feld „Gehen Sie in das Gefängnis". Vernachlässige die Ereignis- und Gemeinschaftskarten. Markiere Straßenzüge, die besonders oft besucht werden.

Es gibt 40 Felder auf dem Spielplan. Da 40 und 7 teilerfremd sind, dauert es 40 Züge, bis man wieder auf „LOS" landet. Dabei wird jedes Spielfeld genau einmal besucht. Die Reihenfolge der besuchten Felder ergibt sich, wenn man die Vielfachen von 7 durch 40 dividiert und die ganzzahligen Reste der Division notiert. Es kommen alle 40 Zahlen von 1 bis 40 (bzw. 0) vor. Diese entsprechen den jeweiligen Feldern. Für Interessierte findet sich die Tabelle im Anhang, ist aber für die weiteren Überlegungen nicht zwingend erforderlich. Es ist nur wichtig zu wissen, dass jede Zahl vorkommt (siehe Abb. 7.4). Demnach müsste auf lange Sicht jedes Feld gleich oft besucht werden. Es gibt aber ein Problem: Nach zehn Zügen landet man schon auf dem Feld „Gehe Sie in das Gefängnis", da 7 mal 10 bei Division durch 40 Rest 30 ergibt. Damit verschiebt sich die Position der Spielfigur auf dem Spielfeld, sie gelangt auf Feld 10. Von Feld 10 („Gefängnis") dauert es nur zehn weitere Züge (in 7er-Schritten) und man landet wieder auf „LOS". Die „Abkürzung" über das Gefängnis führt dazu, dass 19 Felder auf dem Spielfeld nicht erreicht werden, wenn man in 7er-Schritten vorgeht. Das bedeutet aber, dass man erwarten kann, dass einige Felder im Mittel häufiger besucht werden als andere. In Abb. 7.3 ist das verdeutlicht.

Beim Betrachten des Spielfeldes fällt auf, dass es nur einen Straßenzug gibt, dessen Felder alle erreicht werden (21, 23, 24), wenn man eine Figur in 7er-Schritten um das Spielfeld bewegt und die „Gehen Sie in das Gefängnis"-Regel beachtet. Es gibt ebenfalls nur einen Straßenzug, bei dem genau zwei Felder bei der beschriebenen Zugweise besucht werden (16, 19). Diese Felder gehören zu den roten bzw. orangefarbenen Straßenzügen im Spiel „Monopoly".

Nun lässt sich einwenden, dass man auf Ereignis- und Gemeinschaftsfelder gelangt, die zur Folge haben, dass man entsprechende Karten ziehen muss. Es gibt Karten wie z. B. die Karte „Rücke vor bis zur Schlossallee", die es ermöglichen, auf die übrigen 19 Felder zu gelangen. Dem kann man entgegenhalten, dass nur zwei der 16

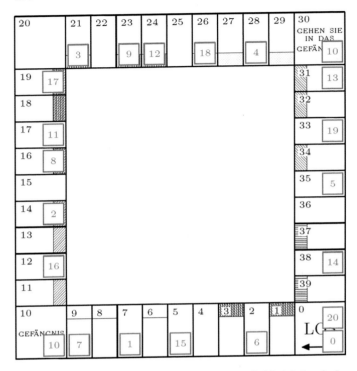

**Abb. 7.3** Besuchte Felder auf dem „Monopoly"-Spielplan beim Setzen einer Spielfigur in 7er-Schritten. Die Nummerierung folgt der Reihenfolge des Setzens

Gemeinschaftskarten die Aufforderung zum Umsetzen der Spielfigur enthalten. In dem einen Fall geht es ins „Gefängnis" und in dem anderen Fall auf „LOS". Damit sind zwei der öfter besuchten Felder bedacht. Bei den Ereigniskarten gibt es 10 von 16 Karten, die zum Umsetzen auffordern. Allerdings leiten fünf dieser Karten auf Felder um, die zu den 21 oft besuchten Feldern gehören (z. B. „Rücke vor bis zum Opernplatz"). Bei drei Karten kann man je nach Ereignisfeld auf eines der 21 oft besuchten Felder oder auf eines der 19 „benachteiligten" Felder gelangen (z. B. „Rücke vor bis zum nächsten

| Zug | besuchtes Feld (ohne Beachtung des *Geh-ins-Gefängnis*-Feldes) | besuchtes Feld (mit Beachtung des *Geh-ins-Gefängnis*-Feldes) |
|---|---|---|
| 0 | 0 | 0 |
| 1 | 7 | 7 |
| 2 | 14 | 14 |
| 3 | 21 | 21 |
| 4 | 28 | 28 |
| 5 | 35 | 35 |
| 6 | 2 | 2 |
| 7 | 9 | 9 |
| 8 | 16 | 16 |
| 9 | 23 | 23 |
| 10 | 30 | 10 |
| 11 | 37 | 17 |
| 12 | 4 | 24 |
| 13 | 11 | 31 |
| 14 | 18 | 38 |
| 15 | 25 | 5 |
| 16 | 32 | 12 |
| 17 | 39 | 19 |
| 18 | 6 | 26 |
| 19 | 13 | 33 |
| 20 | 20 | 0 |
| 21 | 27 | 7 |
| 22 | 34 | 14 |
| 23 | 1 | 21 |
| 24 | 8 | 28 |
| 25 | 15 | 35 |
| 26 | 22 | 2 |
| 27 | 29 | 9 |
| 28 | 36 | 16 |
| 29 | 3 | 23 |
| 30 | 10 | 10 |
| 31 | 17 | 17 |
| 32 | 24 | 24 |
| 33 | 31 | 31 |
| 34 | 38 | 38 |
| 35 | 5 | 5 |
| 36 | 12 | 12 |
| 37 | 19 | 19 |
| 38 | 26 | 26 |
| 39 | 33 | 33 |
| 40 | 0 | 0 |

**Abb. 7.4** Die besuchten Felder eines Spielplans mit 40 Feldern bei 7er-Schrittfolge in der Reihenfolge, in der sie besucht werden, mit und ohne Beachtung des „Gehen Sie in das Gefängnis"-Feldes. Die Felder sind in 10er-Blöcken farbig hinterlegt. Die hellgrauen Felder werden nur unter Missachtung des „Gehen Sie in das Gefängnis"-Feldes erreicht. Graue und dunkelgraue Felder werden bei Beachtung des „Gehen Sie in das Gefängnis"-Feldes doppelt besucht

Bahnhof"). Es gibt nur zwei Ereigniskarten, die klar auf weniger besuchte Felder verweisen („Rücke vor bis zur Schlossallee" und „Rücke vor bis zur Seestraße"). Die Auswirkungen der Ereigniskarten auf das Spiel lassen sich bei der beschriebenen Betrachtung nicht abschätzen. Die Ergebnisse unserer Überlegungen stimmen mit komplexeren Berechnungen überein, bei denen das „Monopoly"-Spiel als Markow-Prozess mit 40 (oder mehr) Zuständen betrachtet wird (Müller & Thiele, 2021). Diese komplexere mathematische Herangehensweise lässt sich nicht in wenigen Sätzen erklären. Die Konsistenz der Ergebnisse stimmt allerdings zuversichtlich, dass unsere Argumentation, die ein sehr einfaches Modell des Spieles umfasst, tragfähig ist.

$$* * *$$

*Es ist also zu erwarten, dass in einem langen Spiel am häufigsten die orangefarbigen und roten Straßen besucht werden. Wenn das mal kein Wettbewerbsvorteil ist. Kein Wunder, dass Oma immer gewinnt, denkt sich Luisa. Der „Opernplatz" ist Oma Erikas Lieblingsadresse.*

**Anhang**

## 7.2 „Die Siedler von Catan"

*Kathrin kommt nach einem langen Arbeitstag ins Wohnzimmer und lässt sich erschöpft auf die Couch fallen. Sofort springt Jens auf und rettet sein Tablet. „Na toll, Jens", mault Kathrin, „Hauptsache, die Technik ist in Sicherheit." „Ach Kathrin, Schatz, es tut mir leid …", Jens starrt weiter auf das Tablet, „aber ich spiele gerade ,Die Siedler von Catan' und bin in der entscheidenden Phase". „Siedler?", fragt*

Kathrin. *„Etwa das ‚Siedler'-Spiel, das wir früher immer im Studentenwohnheim gespielt haben?" „Ja, genau, nur jetzt sitzen unsere Mitspieler überall auf der Welt." Kathrin schaut über Jens' Schulter und erinnert sich an stundenlange gemeinsame Spieleabende. „Darf ich mitmachen?" Selbstverständlich darf sie mitspielen und nach einer Weile fragen die beiden sich, ob ihnen eigentlich schon früher aufgefallen ist, dass die Zahlen auf dem Spielplan farblich unterschiedlich gestaltet sind. Hat das vielleicht etwas mit den Würfeleinstellungen zu tun, die zu Beginn des Spiels getroffen werden können? Jens vermutet, dass ihnen die Tabelle weiterhilft, die Luisa und Oma Erika für das „Monopoly"-Spiel angelegt haben.*

∗ ∗ ∗

„Die Siedler von Catan" ist ebenso wie „Monopoly" ein Spiel, das mit zwei Würfeln gespielt wird. Dies gilt sowohl für die analoge als auch für die digitale Variante. Die Felder des Spielplans sind mit den möglichen Augensummen zweier Würfel (2 bis 12) beschriftet. Wenn eine Augensumme (z. B. 6) gewürfelt wird und ein Mitspielender auf das entsprechende Feld einen Spielstein (Siedlung) gesetzt hat, bekommt er entsprechend Rohstoffe. Mit den erspielten Rohstoffen lassen sich neue Straßen und Siedlungen bauen und somit neue Spielfelder mit weiteren Augensummen erschließen. Bei einem genaueren Blick auf den Spielplan fällt auf, dass die Beschriftungen der Augensummen unterschiedlich hervorgehobenen sind, einige sich allerdings gleichen. So sind die 6 und die 8 rot und besonders fett gedruckt. Ebenso sind 5 und 9 gleich fett gedruckt (und schwarz gefärbt). Die Zahlen 3 und 11 sind deutlich kleiner gedruckt (und ebenfalls schwarz gefärbt). Besonders klein sind 2 und 12 gedruckt (und schwarz gefärbt). Die 7 fehlt auf dem Spielplan.

**Frage**

Welche Begründung gibt es für die grafische und farbliche Gestaltung der Spielfeldwerte auf dem Spielplan von „Die Siedler von Catan"?

Wie schon erwähnt, wird im Spiel „Die Siedler von Catan" die Augensumme zweier Würfel betrachtet. Bildet man die Summe der Augenzahlen zweier Würfel, fällt auf, dass es z. B. für die Augensumme 3 zwei verschiedene Möglichkeiten $(1 + 2 = 2 + 1 = 3)$ gibt, diese zu würfeln. Für die Augensumme 2 gibt es nur eine Möglichkeit. Besonders viele Möglichkeiten besitzt die Augensumme 7 $(1 + 6 = 6 + 1 = 2 + 5 = 5 + 2 = 3 + 4 = 4 + 3 = 7)$. Eine Übersicht über die Anzahl aller Möglichkeiten und der daraus resultierten Wahrscheinlichkeiten liefert Tab. 7.2 aus dem vorherigen Kapitel, die wir als Grundlage hernehmen wollen, und wenden darauf die grafische und farbliche Gestaltung des „Siedler"-Spiels an (siehe Abb. 7.5).

Die Wahrscheinlichkeiten ergeben sich unmittelbar aus der Anzahl der günstigen Ereignisse im Verhältnis zur Anzahl aller möglichen Ereignisse (36). Man sieht sofort, dass die Augensumme 7 die höchste Wahrscheinlichkeit besitzt, geworfen zu werden, denn es gibt

| Augensumme | 2 | 3 | 4 | 5 | 6 | 7 | 8 | 9 | 10 | 11 | 12 |
|---|---|---|---|---|---|---|---|---|---|---|---|
| Anzahl an günstigen Ereignissen | 1 | 2 | 3 | 4 | 5 | 6 | 5 | 4 | 3 | 2 | 1 |
| Wahrscheinlichkeit | $\frac{1}{36}$ | $\frac{1}{18}$ | $\frac{1}{12}$ | $\frac{1}{9}$ | $\frac{5}{36}$ | $\frac{1}{6}$ | $\frac{5}{36}$ | $\frac{1}{9}$ | $\frac{1}{12}$ | $\frac{1}{18}$ | $\frac{1}{36}$ |

**Abb. 7.5** Die Augensummen zweier Würfel mit der jeweiligen Anzahl an günstigen Ereignissen sowie der resultierenden Wahrscheinlichkeit ihres Auftretens. Die Summen der Augenzahlen und die jeweiligen günstigen Ereignisse sind farblich und grafisch im Sinne des „Siedler"-Spiels markiert. Gleiche Farben bzw. gleiche Grafiken symbolisieren gleiche Wahrscheinlichkeiten

sechs Kombinationen, wie die Augensumme entstehen kann. Das ist eine Erklärung für die Sonderrolle im Spiel. Außerdem sieht man, dass die Verteilung der Wahrscheinlichkeiten symmetrisch ist. Alle weiteren Augensummen können daher paarweise einer gleichen Wahrscheinlichkeit zugeordnet werden. Diese Paare lassen sich anhand der grafischen und farblichen Gestaltung im „Siedler"-Spiel zuordnen. Man erkennt in Abb. 7.5, dass die Wahrscheinlichkeit für eine 6 (bzw. eine 8) höher ist als für die verbleibenden Augensummen. Das erklärt, warum diese beiden Zahlen auf dem Spielplan besonders hervorgehoben sind. Die weiteren Augensummen sind entsprechend ihrer geringer werden Wahrscheinlichkeit grafisch und farblich unauffälliger gestaltet (Müller, 2019).

Eine sinnvolle Spielstrategie ist es demnach, seine Siedlungen an Spielfelder mit den Werten der Augensummen zu setzen, die grafisch auffällig gestaltet sind, denn man würde erwarten, dass diese Augensummen oft gewürfelt werden und ein Spielender somit mehr Rohstoffe bekommt. Um diese Spielstrategie zu prüfen, bietet es sich an, eine kleine Simulation z. B. mit einer Tabellenkalkulationssoftware durchzuführen. In einem Beispiel simulieren wir das Werfen zweier Würfel 1000-mal und ermitteln die relativen Häufigkeiten für die Simulation. Dafür tragen wir jeweils in der ersten Zelle der Spalten A und B den Befehl = ZUFALLSBEREICH(1;6) ein. In der ersten Zelle der Spalte C bilden wir die Summe mit = A1 + B1. Die Befehle werden für die ersten 1000 Zellen kopiert (z. B. durch Markieren und Herunterziehen). An dieser Stelle ist die Simulation eigentlich schon fertig, allerdings können wir die Ergebnisse noch auswerten und die versprochenen relativen Häufigkeiten in ein Diagramm eintragen. Daher tragen wir in Spalte D die elf möglichen Augensummen ein. In Spalte

E bestimmen wir zunächst die absoluten Häufigkeiten mit dem Befehl $=$ ZÄHLENWENN(C1:C1000;D1), den wir in die erste Zelle eintragen und für die folgenden zehn Zellen übernehmen. Dabei bezieht sich der erste Teil des Befehls auf den zu durchsuchenden Bereich und der zweite Teil auf eine der elf Augensummen. Die relativen Häufigkeiten tragen wir in Spalte F ein, indem wir einfach die absoluten Häufigkeiten durch 1000 dividieren. Die Ergebnisse können wir uns in einem Balkendiagramm anzeigen lassen (siehe Abb. 7.6).

Es zeigt sich, dass die relativen Häufigkeiten aus der Simulation schon recht nah bei den bestimmten Wahrscheinlichkeiten aus Abb. 7.5 liegen. Allerdings wurde in der Simulation 1000-mal gewürfelt, und das ist eine Anzahl an Würfen, die man in einem durchschnittlichen „Siedler"-Spiel nicht so schnell erreicht.

Es wäre also spannend, die obige Simulation in Abhängigkeit der Wurfanzahl auszuwerten. Das kann für

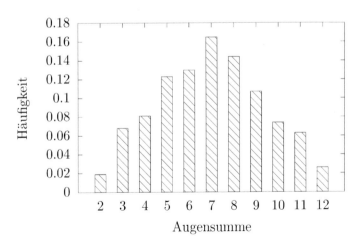

**Abb. 7.6** Relative Häufigkeiten der Augensummen zweier Würfel nach einer Simulation des 1000-maligen Würfelns mit zwei Würfeln

die Augensummen einzeln geschehen und man beginnt z. B. mit der 7.

Die Daten aus der obigen Simulation können dafür direkt genutzt werden. Die Auswertung muss nur etwas angepasst werden.

Wir arbeiten in derselben Datei weiter und wollen die erzeugten Zufallszahlen gleich nutzen und die Daten weiter auswerten. In Spalte G erzeugen wir dafür eine Liste der Zahlen von 1 bis 1000 (z. B. durch Eingabe von 1, 2, 3 in den ersten drei Zellen und Nutzen des Zug-Modus). In der Zelle H1 wird nun der entscheidende Befehl eingegeben: = ZÄHLENWENN($C$1:C1;7)/ G1. Der Befehl an sich ist bekannt, das Suchkriterium ist die Zahl 7. Ausgegeben wird gleich die relative Häufigkeit, da jeweils durch die Anzahl an Versuchen dividiert wird. Eventuell verwirren die $-Dollarzeichen im Suchbereich. Diese Zeichen haben eine wichtige Funktion, denn sie fixieren die Startzelle des Suchbereichs (der sogenannte absolute Zellbezug). Die Endzelle des Suchbereichs soll variabel bleiben und sich ebenso wie die Zelle für die Versuchsanzahl verändern, wenn der Befehl für die unteren Zellen der Spalte H mittels Zug-Modus übernommen wird (relativer Zellbezug). Das ist auch schon das Stichwort. Der Befehl wird für die unteren 999 Zellen der Spalte H übernommen. Die Werte können in einem Diagramm dargestellt werden. So wird ersichtlich, wie sich die relative Häufigkeit des Auftretens der Augensumme 7 beim Würfeln zweier Würfel mit steigender Versuchsanzahl der berechneten Wahrscheinlichkeit von 1/6 annähert (siehe Abb. 7.7). Man kann in dem Diagramm erkennen, dass sich die relativen Häufigkeiten bei diesem Beispiel erst nach 600 Versuchen in einem annehmbaren Bereich um den Wert von 1/6 stabilisieren. Dafür muss man schon ziemlich oft würfeln bzw. lange spielen.

Es zeigt sich, dass die oben berechneten Wahrscheinlichkeiten erst nach einer gewissen Anzahl an Würfen durch die relativen Häufigkeiten dargestellt werden. Für eine Spielstrategie bedeutet dies, dass man nicht nur nach der eindrucksvollen Grafik auf dem Spielplan gehen sollte, sondern ebenso versuchen muss, von Beginn an unterschiedliche Spielfelder mit verschiedenen Werten zu erschließen. Somit können Rohstoffe bei verschiedenen gewürfelten eingenommen werden.

Mit der Durchführung der Simulation mittels Tabellenkalkulation bekommt man auch eine Vorstellung davon,

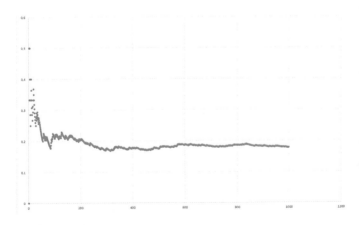

**Abb. 7.7** Relative Häufigkeiten der Augensumme 7 zweier Würfel nach einer Simulation des 1000-maligen Würfelns mit zwei Würfeln in Abhängigkeit der Versuchsanzahl

wie die Würfelsimulation bei digitalen Brettspielversionen umgesetzt wird. Um den oben beschriebenen Effekt zu mindern, kann man bei digitalen Brettspielversionen oft entscheiden, ob man „zufällige" oder „balancierte" Würfel wünscht. Zufällig meint in diesem Zusammenhang, dass sich die relativen Häufigkeiten (ähnlich wie in der obigen Simulation) langsamer an die eigentlichen Wahrscheinlichkeiten annähern sollten. Bei der Wahl von balancierten Würfeln wird versucht, diese Annäherung schon für eine geringe Anzahl an Würfen zu erzeugen, wie sie für ein durchschnittliches Brettspiel infrage kommt. Insgesamt ist es allerdings in beiden Fällen schwierig, entsprechende Zufallsalgorithmen zu entwickeln, die entweder echt zufällige oder eben besonders ausbalancierte Würfelsimulationen erzeugen. Beide Ideale sind eigentlich unerreichbar.

$$* * *$$

*Jens freut sich, dass seine Strategie aufgegangen ist und er sich beim Bau seiner Siedlungen nicht nur an den hervorgehobenen Spielfeldwerten orientiert hat. Die Auswahl der verschiedenen Würfelsimulationen fasziniert Kathrin, sie möchte gleich noch eine neue Partie mit der anderen Variante spielen. Jens macht gerne mit und beide freuen sich, dass sie im Gegensatz zu den Wohnheim-Zeiten nun zusammen gegen ihre Mitspieler antreten können. Denn im Team sind sie unschlagbar.*

## 7.3  Spiel „21"

*Franz und Luisa haben sich für einen gemeinsamen Film- abend nach einiger Diskussion schließlich auf ihre Lieb- lingspiraten-Filmreihe geeinigt. Der zweite Teil zeigt unter anderem ein Würfelspiel, bei dem drei Mitspieler in einer*

*Art Poker gegeneinander antreten. Und es geht um nichts Geringeres als Leben und Tod. Plötzlich stürmt Opa Manfred ins Wohnzimmer. „Wo ist meine Brille?", ruft er. „Erika meinte, ich hätte sie hier liegen lassen." Als keines der Kinder antwortet, schaut Opa neugierig auf den Bildschirm, um herauszufinden, was da so Spannendes läuft. „Die spielen ja unser Spiel, nur vollkommen falsch. Außerdem erzählt der da völligen Blödsinn. Das merkt man doch sofort, dass man so nicht gewinnen kann." Luisa und Franz stutzen: „Ach so. Und du bist also Experte für Würfel-Poker oder was?" „Ja, ja klar. Los, kommt, macht die Kiste aus und ich zeige euch, wie es richtig geht." Das Spiel kann beginnen …*

✳ ✳ ✳

Beim Spiel „21" (je nach Region auch als „Mäxchen", „Schummel-Max" oder „Lügen-Max" bekannt) handelt es sich um eine Form des Würfel-Pokers (Müller, 2019). Das Spiel kann ab zwei Personen gespielt werden und hat keine Maximalanzahl an Mitspielenden. Reihum werden zwei Würfel verdeckt geworfen. Dabei steht die kleinere der beiden Augenzahlen für die Einer und die höhere Augenzahl für die Zehner einer zweistelligen Zahl. Zeigt der eine Würfel eine 2 und der andere eine 4, so lautet die Ansage 42. Wie bei vielen Spielen sind in „21" Pasche höherwertig als andere Ansagen: Ein Pasch ist höherwertig als jeder Nicht-Pasch mit Ausnahme der 21, welche die höchste Ansage im Spiel ist.

Wenn eine mitspielende Person gewürfelt hat, folgt eine Ansage zur Wertigkeit des Wurfes. Eine weitere mitspielende Person kann die Aussage entweder glauben oder anzweifeln. Im ersten Fall (Annahme) werden die Würfel übergeben. Danach kann die annehmende Person selbst würfeln oder mit dem bestehenden Wurf weiter bieten. Sie muss dann die nächste Person in der Reihe von einer höheren Ansage überzeugen. Im zweiten Fall (Anzweifeln) werden die Würfel aufgedeckt. Ist der tatsächliche Wert größer gleich der Ansage, verliert die anzweifelnde Person. Ist die tatsächliche Zahl kleiner als angesagt, dann verliert die ansagende Person. Die verlierende Person gibt eines von drei Token (Streichhölzer) ab und darf erneut würfeln. Das Bieten beginnt von Neuem.

Wenn eine Person die 21 würfelt, kann sofort aufgedeckt werden und alle anderen Mitspielenden verlieren ein Token. Spannend ist, bei welchen Ansagen man annehmen kann und die Wahrscheinlichkeit höher ist, einen besseren Wert zu würfeln.

**Frage**

**Ab welchem angesagten Wert im Spiel „21" ist die Wahrscheinlichkeit dafür, einen höheren Wert zu würfeln, geringer als 50 %?**

Man könnte in einem Überschwang der Gefühle sagen, dass man nur alle möglichen Werte im Spiel listen muss, und bestimmt den mittleren Wert. Leider ist es nicht so einfach, dennoch hilft die Überlegung dabei, einen Anfang zu finden. Wir listen zunächst alle Werte im Spiel in aufsteigender Reihenfolge: 31, 32, 41, 42, 43, 51, 52, 53, 54, 61, 62, 63, 64, 65, 11, 22, 33, 44, 55, 66, 21.

Es fällt auf, dass es 21 Werte im Spiel gibt, was eine Begründung für die Namensgebung und die Sonderstellung der 21 im Spiel sein könnte. Allerdings ist das Auftreten dieser Werte nicht gleich wahrscheinlich.

Am Beispiel der 42 wird deutlich, dass es zwei Ereignisse gibt, die der Zahl 42 zugeordnet werden. Entweder zeigt der erste Würfel eine 4 und der zweite Würfel eine 2 (4,2) oder umgekehrt (2,4). Die Wahrscheinlichkeit entspricht (wie bei allen Zahlen im Spiel „21" mit unterschiedlichen Ziffern):

$$\frac{2}{36} = \frac{1}{18}$$

Wie bei vielen Spielen sind auch in diesem Pasche höherwertig als andere Ansagen. Die Wahrscheinlichkeit eines jeden Paschs liegt lediglich bei $\frac{1}{36}$, da sowohl der erste als auch der zweite Würfel dieselbe Augenzahl zeigen müssen.

Um der Frage nachzugehen, wann die Wahrscheinlichkeit für das Würfeln eines höheren Wertes als der Ansage geringer ist als die Wahrscheinlichkeit für das Würfeln eines Wertes kleiner oder gleich der Ansage, müssen schrittweise die Einzelwahrscheinlichkeiten der 21 Ereignisse aufsummiert und jeweils die Gegenwahrscheinlichkeit bestimmt werden. Die Wahrscheinlichkeiten finden sich in Tab. 7.1.

Man könnte erwarten, dass die Wahrscheinlichkeit dafür, einen höheren Wert als die Ansage zu würfeln, irgendwo bei Platz 10 oder 11 unter ½ fällt, da dann die Hälfte aller Werte kleiner bzw. größer ist als die Ansage. Das kann aber nicht sein, da die Pasche ja nur halb so wahrscheinlich wie die sonstigen Werte sind. Man kann Tab. 7.1 entnehmen, dass bereits bei Platz 13 (Wert 54) dieser Fall auftritt. Bis zu einer Ansage von 54 kann man also annehmen und davon ausgehen, dass die Wahrscheinlichkeit dafür, einen höheren Wert als die Ansage zu würfeln, größer gleich ½ ist (Breitsprecher & Müller, 2020).

**Zum Selberforschen**

Verändere die Platzierung des Werts 21 im Spiel „21" und untersuche die Auswirkung auf die aufsummierten Wahrscheinlichkeiten und deren Gegenwahrscheinlichkeiten. Begründe die Sonderstellung.

**Tab. 7.1** Platzierte Wertigkeiten im Spiel 21 mit Wahrscheinlichkeit, aufsummierter Wahrscheinlichkeit und deren Gegenwahrscheinlichkeit

| Platz | Wert der Augenzahlen | Wahrscheinlichkeit | Aufsummierte Wahrscheinlichkeit | Gegenwahrscheinlichkeit der aufsummierten Wahrscheinlichkeit |
|---|---|---|---|---|
| 1 | 21 | $\frac{1}{18}$ | 1 | 0 |
| 2 | 66 | $\frac{1}{36}$ | $\frac{17}{18}$ | $\frac{1}{18}$ |
| 3 | 55 | $\frac{1}{36}$ | $\frac{11}{12}$ | $\frac{1}{12}$ |
| 4 | 44 | $\frac{1}{36}$ | $\frac{8}{9}$ | $\frac{1}{9}$ |
| 5 | 33 | $\frac{1}{36}$ | $\frac{31}{36}$ | $\frac{5}{36}$ |
| 6 | 22 | $\frac{1}{36}$ | $\frac{5}{6}$ | $\frac{1}{6}$ |
| 7 | 11 | $\frac{1}{36}$ | $\frac{29}{36}$ | $\frac{7}{36}$ |
| 8 | 65 | $\frac{1}{18}$ | $\frac{7}{9}$ | $\frac{2}{9}$ |
| 9 | 64 | $\frac{1}{18}$ | $\frac{13}{18}$ | $\frac{5}{18}$ |
| 10 | 63 | $\frac{1}{18}$ | $\frac{2}{3}$ | $\frac{1}{3}$ |
| 11 | 62 | $\frac{1}{18}$ | $\frac{11}{18}$ | $\frac{7}{18}$ |
| 12 | 61 | $\frac{1}{18}$ | $\frac{5}{9}$ | $\frac{4}{9}$ |
| 13 | 54 | $\frac{1}{18}$ | $\frac{1}{2}$ | $\frac{1}{2}$ |
| 14 | 53 | $\frac{1}{18}$ | $\frac{4}{9}$ | $\frac{5}{9}$ |
| 15 | 52 | $\frac{1}{18}$ | $\frac{7}{18}$ | $\frac{11}{18}$ |
| 16 | 51 | $\frac{1}{18}$ | $\frac{1}{3}$ | $\frac{2}{3}$ |
| 17 | 43 | $\frac{1}{18}$ | $\frac{5}{18}$ | $\frac{13}{18}$ |
| 18 | 42 | $\frac{1}{18}$ | $\frac{2}{9}$ | $\frac{7}{9}$ |
| 19 | 41 | $\frac{1}{18}$ | $\frac{1}{6}$ | $\frac{5}{6}$ |
| 20 | 32 | $\frac{1}{18}$ | $\frac{1}{9}$ | $\frac{8}{9}$ |
| 21 | 31 | $\frac{1}{18}$ | $\frac{1}{18}$ | $\frac{17}{18}$ |

Interessant ist die Neuplatzierung des Wertes 21 in Bezug auf die Verschiebung der ½-Grenze der aufsummierten Wahrscheinlichkeiten der Werte im Spiel. Wird eine Platzierung oberhalb des 13. Platzes gewählt, also die 21 vor die Pasche einsortiert, verschiebt sich die Grenze nicht. Es liegt z. B. auch nahe, die 21 als niedrigsten Wert im Spiel anzunehmen und auf Platz 21 zu setzen. Die ½-Grenze wird dann ebenso bei Platz 13 liegen, da es neun Plätze bleiben und $9 \cdot \frac{1}{18} = \frac{1}{2}$ ist.

Selbstverständlich wäre der Wert von Platz 13 dann ein anderer (nämlich 53 anstelle von 54). Insofern müsste sich die Strategie an einem anderen Wert orientieren, aber bezogen auf die Platzierung (9 der 21 Plätze) wird sich keine Änderung ergeben. In Bezug auf die ½-Grenze lässt sich die Sonderstellung der 21 im Spiel nicht begründen.

Interessant ist allerdings, wie oben angedeutet, ob die 21 vor oder nach den Paschen platziert wird. Es gibt sechs Pasche im Spiel und deren Wahrscheinlichkeit insgesamt beträgt $6 \cdot \frac{1}{36} = \frac{1}{6}$.

Es wird immer unwahrscheinlicher, einen höherwertigen Pasch zu würfeln. Um in den oberen Platzierungen die Spannung im Spiel zu erhalten, ist es sinnvoll, einen Wert mit einer höheren Einzelwahrscheinlichkeit zu platzieren. Dafür könnte jeder Wert mit einer Wahrscheinlichkeit von $\frac{1}{18}$ dienen. Die 21 sticht aufgrund der Einzigartigkeit ihrer Bezeichnung hervor.

Es wird deutlich, dass eigentlich die Platzierung der Pasche das Spiel interessant macht und weniger die Frage nach der 21. Würde man die sechs Pasche gleichmäßiger platzieren, würde sich auch die ½-Grenze entsprechend verschieben. So liegt z. B. die ½-Grenze bei der folgenden Platzierung bei dem (mittleren) Platz 11:

11, 21, 22, 31, 32, 33, 41, 42, 43, 44, 51, 52, 53, 54, 55, 61, 62, 63, 64, 65, 66

Denn es gilt offensichtlich $4 \cdot \frac{1}{36} + 7 \cdot \frac{1}{18} = \frac{1}{2}$ und $4 + 7 = 11$.

∗ ∗ ∗

*„Alles klar, Opa", ruft Luisa, „ich habe verstanden. Wir müssen die Platzierungen der Ansagen beachten, um zu entscheiden, wann es sich lohnt, weiter zu bieten oder es besser zu lassen. Allerdings scheint mir, dass du schon einen Schritt weiter bist und die Regeln schnell so anpasst, dass sich*

*deine Chancen im Spiel erhöhen.“ „Ja“, pflichtet ihr Franz bei, „Opa ist ein gewiefter Stratege und spielt Poker nur nach eigenen Regeln.“ „Tja, Kinder, immer ein Ass oder eine Sechs im Ärmel, wie man so schön sagt“, freut sich Opa Manfred.*

## Literatur

Breitsprecher, L., & Müller, M. (2020). Experiment 8: Spiel 21. In L. Breitsprecher & M. Müller (Hrsg.), *Mathe. Schülerforscherguide* (S. 54–62). C. C. Buchner.

Müller, M. (2019). Der Ableger: Würfeln für Fortgeschrittene. *Die Wurzel, 53*(5), 107–114.

Müller, M., & Thiele, R. (2021). Monopoly – Mathematische Anmerkungen zu einem polarisierenden Gesellschaftsspiel. *Mathematische Semesterberichte, 2021*(5). https://doi.org/10.1007/s00591-021-00302-x.

Printed in the United States
by Baker & Taylor Publisher Services